# 基于算子理论的非线性控制系统设计

王瑗珲　著

中国纺织出版社有限公司

## 内 容 提 要

随着工业生产过程、智能制造终端、特殊装备和机器人等一些特殊控制对象变得越来越复杂，对非线性控制系统的研究正逐渐成为热点。本书以机器人、半导体制冷系统、水位系统为研究对象，详细介绍了基于算子理论的非线性控制系统设计与分析，包括算子的定义、系统建模、控制器设计、特性分析等主要内容，对鲁棒稳定和跟踪控制等关键问题进行了系统详细的探讨。本书可作为相关专业的高年级本科生和研究生的教材使用，也可供从事自动化、电气、控制理论等相关领域的研究人员和技术人员阅读参考。

**图书在版编目（CIP）数据**

基于算子理论的非线性控制系统设计/王瑗珲著.
--北京：中国纺织出版社有限公司，2020. 10
ISBN 978-7-5180-7913-1

Ⅰ. ①基… Ⅱ. ①王… Ⅲ. ①非线性控制系统—系统设计 Ⅳ. ①TP273

中国版本图书馆 CIP 数据核字（2020）第 179922 号

---

责任编辑：亢莹莹　　责任校对：楼旭红　　责任印制：何　建

---

中国纺织出版社有限公司出版发行
地址：北京市朝阳区百子湾东里 A407 号楼　邮政编码：100124
销售电话：010—67004422　传真：010—87155801
http://www. c-textilep. com
中国纺织出版社天猫旗舰店
官方微博 http://weibo. com/2119887771
三河市宏盛印务有限公司印刷　各地新华书店经销
2020 年 10 月第 1 版第 1 次印刷
开本：787×1092　1/16　印张：9
字数：160 千字　定价：68. 00 元

---

# 前　言

随着工业生产过程、智能制造终端、特殊装备等控制对象复杂性和集成度的提高，实际的控制过程变得越来越复杂，且多数是非线性系统，因而对非线性系统的研究正逐渐成为控制工程的热点和难点。自动控制理论至今已经过了四代的发展：经典控制、现代控制、大系统控制和智能控制。对非线性系统的研究基本可以划分为三个阶段：第一个阶段是古典理论阶段，其主要方法有相平面法、谐波平衡法等，这些理论针对性比较强，但不能普遍应用；第二个阶段是综合应用阶段，其主要方法有自适应控制、滑模控制、PID 控制、神经网络控制、Lyapunov 方法等；第三个阶段是非线性理论新发展阶段，例如非线性算子控制。非线性算子是定义在扩展的 Banach 空间上相较一般的 Lipschitz 算子，能够更好地处理算子的逆、因果性、稳定性问题。算子可以是线性的也可以是非线性的，可以是有限维的也可以是无限维的，可以是频域也可以是时域的，因其应用范围广等优势，越来越多学者投身对它的研究。因此，本书主要介绍基于算子理论的非线性控制系统设计及其在一些过程控制系统中的应用。

全书共分 7 章。第 1 章为非线性控制理论基础，介绍了自动控制系统相关概念、非线性系统理论基础、非线性鲁棒控制研究现状和发展情况。第 2 章为基于算子理论的控制系统设计，介绍了算子的相关定义、右互质分解方法，进而介绍了基于鲁棒右互质分解的控制器设计。第 3 章为基于鲁棒右互质分解和 PI 控制的鲁棒跟踪控制，详细介绍了机器人系统和人工肌肉系统的鲁棒跟踪控制系统设计和分析过程。第 4 章为基于鲁棒右互质分解和滑模控制的鲁棒跟踪控制，基于鲁棒右互质分解和滑模控制技术，研究了非线性机器人鲁棒跟踪控制设计过程。第 5 章为基于鲁棒右互质分解与算子理论观测器的精确跟踪控制，研究了基于算子观测器和算子控制器的非线性机器人、半导体制冷系统的鲁棒精确跟踪控制设计过程。第6章为基于算子理论的液位系统控制，详细介绍了液位系统的建模、具体设计、仿真与实现过程。第7章为基于算子理论的故障诊断与优化控制，对故障诊断观测器设计和故障的分类进行了分析，进而讨论了基于算子理论的优化控制在半导体制冷系统和液位系统故障状态下的应用。

本书由王瑷珲担任主编，负责大纲制订、书稿修改及统稿、定稿工作。温盛军担任校稿工作。本书在编写过程中得到了参与项目的许多合作者和引用论文的作者的帮助，例如温盛军、王东云、邓明聪、毕淑慧、王海泉、喻俊等，在此表示感谢！同时，本书还是闫同斌、付怡雯、郑敏、张强、张蕾、齐小敏、李峰光、刘萍、李琳、胡宁宁、张帅帅等多位研究生辛勤劳动的成果，在此深表感谢！由于编者水平有限，书中难免出现疏漏和不妥之处，敬请广大读者不吝指正。

本书的大部分内容都是作者和合作者最新的研究成果。本书的研究成果受到国家自然科学基金重点项目（U1813201）、国家自然科学基金青年基金（61304115）、河南省高等学校科技创新团队（14IRTSTHN024）、河南省自然科学基金项目（162300410345）、河南省科技攻关项目（202102210097）和河南省高等学校青年骨干教师培养计划（2017GGJS117）等项目资助，在此表示感谢！

著　者

2020年7月

# 目　录

# 第1章　非线性控制理论基础

## 1.1　自动控制理论概论

自动控制理论是自动控制科学的核心，也是研究自动控制共同规律的科学技术。它是相对人工控制概念而言的，指的是在没人参与的情况下，利用控制装置使被控对象或过程自动地按预定规律运行。自动控制技术的研究有利于将人类从复杂、危险、繁琐的劳动环境中解放出来并大大提高控制效率。自动控制理论至今已经过了四代的发展：经典控制、现代控制、大系统控制和智能控制。

### 1.1.1　经典控制理论

经典控制理论是以传递函数为基础的一种控制理论，控制系统的分析与设计是建立在某种近似和（或）试探的基础上的，控制对象一般是单输入单输出系统、线性定常系统[1,2]。经典控制理论可以追溯到1788年瓦特（J. Watt）发明的飞锤调速器。最终形成完整的自动控制理论体系是在20世纪40年代末。最先使用反馈控制装置的是希腊人在公元前300年使用的浮子调节器，凯特斯比斯（Kitesibbios）在油灯中使用了浮子调节器以保持油面高度稳定。19世纪60年代期间是控制系统高速发展的时期，1868年麦克斯韦尔（J. C. Maxwell）基于微分方程描述从理论上给出了它的稳定性条件。1877年劳斯（E. J. Routh），1895年霍尔维茨（A. Hurwitz）分别独立给出了高阶线性系统的稳定性判据。1892年，李雅普诺夫（A. M. Lyapunov）给出了非线性系统的稳定性判据。在同一时期，维什哥热斯基（I. A. Vyshnegreskii）也用一种正规的数学理论描述了这种理论。1922年米罗斯基（N. Minorsky）给出了位置控制系统的分析，并对PID三作用控制给出了控制规律公式。1942年，齐格勒（J. G. Zigler）和尼科尔斯（N. B. Nichols）又给出了PID控制器的最优参数整定法。1932年奈奎斯特（Nyquist）提出了负反馈系统的频率域稳定性判据，这种方法只需利用频率响应的实验数据。1940年，波德（H. Bode）进一步研究通信系统频域方法，提出了频域响应的对数坐标图描述方法。1943年，霍尔（A. C. Hall）利用传递函数（复数域模型）和方框图，把通信工程的频域响应方法和机械工程的时域方法统一起来，人们称此方法为复数域方法。

频域分析法主要用于描述反馈放大器的带宽和其他频域指标。第二次世界大战结束时，经典控制技术和理论基本建立。1948 年伊文斯（W. Evans）又进一步提出了属于经典方法的根轨迹设计法，它给出了系统参数变换与时域性能变化之间的关系。至此，复数域与频率域的方法进一步完善。

### 1.1.2 现代控制理论

现代控制理论是在 20 世纪 50 年代中期迅速兴起的空间技术的推动下发展起来的[3,4]。空间技术的发展迫切要求建立新的控制原理，以解决诸如把宇宙火箭和人造卫星用最少燃料或最短时间准确地发射到预定轨道一类的控制问题。这类控制问题十分复杂，采用经典控制理论难以解决。1958 年，苏联科学家庞特里亚金提出了名为极大值原理的综合控制系统的新方法。在这之前，美国学者贝尔曼于 1954 年创立了动态规划，并在 1956 年应用于控制过程。他们的研究成果解决了空间技术中出现的复杂控制问题，并开拓了控制理论中最优控制理论这一新的领域。1960—1961 年，美国学者卡尔曼和布什建立了卡尔曼—布什滤波理论，因而有可能有效地考虑控制问题中所存在的随机噪声的影响，把控制理论的研究范围扩大，包括了更为复杂的控制问题。几乎在同一时期内，贝尔曼、卡尔曼等人把状态空间法系统地引入控制理论中。状态空间法对揭示和认识控制系统的许多重要特性具有关键的作用。其中能控性和能观测性尤为重要，成为控制理论两个最基本的概念。

到 20 世纪 60 年代初，一套以状态空间法、极大值原理、动态规划、卡尔曼—布什滤波为基础的分析和设计控制系统的新的原理和方法已经确立，这标志着现代控制理论的形成。

### 1.1.3 大系统控制理论

20 世纪 70 年代开始，出现了一些新的控制方法和理论，简称“大系统控制理论阶段”。例如，现代频域方法，该方法以传递函数矩阵为数学模型，研究线性定常多变量系统；自适应控制理论和方法，该方法以系统辨识和参数估计为基础，处理被控对象不确定和缓时变，在实时辨识基础上在线确定最优控制规律；鲁棒控制方法，该方法在保证系统稳定性和其他性能基础上，设计不变的鲁棒控制器，以处理数学模型的不确定性；预测控制方法，该方法为一种计算机控制算法，在预测模型的基础上采用滚动优化和反馈校正，可以处理多变量系统。

大系统理论是研究规模庞大、结构复杂、目标多样、功能综合、因素众多的工程与非工程大系统的自动化和有效控制的理论。大系统指在结构上和维数上都具有某种复杂性的系统。具有多目标、多属性、多层次、多变量等特点。例如经济计划管理系统、信息分级处理系统、交通运输管理和控制系统、生态环境保护系统以及水源的分配管理系统等。大系统理论是 20

世纪70年代以来，在生产规模日益扩大、系统日益复杂的情况下发展起来的一个新领域。它的主要研究课题有大系统结构方案，稳定性、最优化以及模型简化等。大系统理论是以控制论、信息论、微电子学、社会经济学、生物生态学、运筹学和系统工程等学科为理论基础，以控制技术、信息与通信技术、电子计算机技术为基本条件而发展起来的。

### 1.1.4　智能控制理论

智能控制的指导思想是依据人的思维方式和处理问题的技巧，解决那些目前需要人的智能才能解决的复杂的控制问题[5,6]。被控对象的复杂性体现为模型的不确定性、高度非线性、分布式的传感器和执行器、动态突变、多时间标度、复杂的信息模式、庞大的数据量以及严格的特性指标等。而环境的复杂性则表现为变化的不确定性和难以辨识。试图用传统的控制理论和方法去解决复杂的对象，复杂的环境和复杂的任务是不可能的。智能控制的方法包括模糊控制、神经网络控制、专家控制等方法。目前，自动控制理论还在继续发展，正向以控制论、信息论、仿生学、人工智能为基础的智能控制理论深入。

为了实现各种复杂的控制任务，首先要将被控制对象和控制装置按照一定的方式连接起来，组成一个有机的整体，这就是自动控制系统。在自动控制系统中，被控对象的输出量即被控量是要求严格加以控制的物理量，它可以要求保持为某一恒定值，例如，温度、压力或飞行轨迹等；而控制装置则是对被控对象施加控制作用的相关机构的总体，它可以采用不同的原理和方式对被控对象进行控制，但最基本的一种是基于反馈控制原理的反馈控制系统。在反馈控制系统中，控制装置对被控装置施加的控制作用，是取自被控量的反馈信息，用来不断修正被控量和控制量之间的偏差从而实现对被控量进行控制的任务，这就是反馈控制的原理。

### 1.1.5　中国工业自动控制系统

经过20多年的发展，中国工业自动控制系统装置制造行业取得了长足的发展，尤其是20世纪90年代以来，中国工业自动控制系统装置制造行业的产量一直保持在年增长20%以上。2011年，中国工业自动控制系统装置制造行业取得了令人瞩目的成绩。全年完成工业总产值2056.04亿元；产品销售收入1996.73亿元，同比增长24.66%；实现利润总额202.84亿元，同比增长28.74%。国产自动控制系统相继在火电、化肥、炼油领域取得了突破。中国的工业自动化市场主体主要由软硬件制造商、系统集成商、产品分销商等组成。在软硬件产品领域，中高端市场几乎全部由国外著名品牌产品垄断，并将仍维持此种局面；在系统集成领域，跨国公司占据制造业的高端，具有深厚行业背景的公司在相关行业系统集成业务中占据主动，具有丰富应用经验的系统集成公司充满竞争力。在工业自动化市场，供应和需求之间存在错位。客户需要的是完整的能满足自身制造工艺的电气控制系统，而供应商提供的是各种标准化器件产品。行业不同，电气控制的差异非常大，甚至同一行业客户因各自工艺的不同导致需求也有很大差异。这种供需之间的矛盾为工业自动化行业创造了发展空间。中国拥有世界最大的工业自动控制系统装置市场，传统工业技术改造、工厂自动化、企业信息化需要大量的工业自动化系统，市场前景广阔。工业控制自动化技术正在向智能化、网络化和集成化方向发展。基于工业自动化控制较好的发展前景，预计 2015 年工业自动控制系统装置制造行业市场规模将超过 3500 亿元。随着工业自动控制系统装置制造行业竞争的不断加剧，大型工业自动控制系统装置制造企业间并购整合与资本运作日趋频繁，国内优秀的工业自动控制系统装置制造企业越来越重视对行业市场的研究，特别是对产业发展环境和产品购买者的深入研究。

### 1.1.6 控制系统

控制理论主要是为控制系统设计服务的。按控制原理的不同，自动控制系统分为开环控制系统和闭环控制系统。开环控制系统中，系统输出只受输入的控制，控制精度和抑制干扰的性能都比较差。开环控制系统中，基于按时序进行逻辑控制的称为顺序控制系统；由顺序控制装置、检测元件、执行机构和被控工业对象所组成。主要应用于机械、化工、物料装卸运输等过程的控制以及机械手和生产自动线。闭环控制系统是建立在反馈原理基础之上的，利用输出量同期望值的偏差对系统进行控制，可获得比较好的控制性能。闭环控制系统又称反馈控制系统。按给定信号分类，自动控制系统可分为恒值控制系统、随动控制系统和程序控制系统。恒值控制系统即给定值不变，要求系统输出量以一定的精度接近给定希望值的系统。如生产过程中的温度、压力、流量、液位高度、电动机转速等自动控制系统属于恒值系统。随动控制系统是指给定值按未知时间函数变化，要求输出跟随给定值的变化，如跟随卫星的雷达天线系统。程序控制系统是指给定值按一定时间函数变化。

控制系统是指由控制主体、控制客体和控制媒体组成的具有自身目标和功能的管理系统。控制系统意味着通过它可以按照所希望的方式保持和改变机器、机构或其他设备内任何感兴趣的可变的量。控制系统同时是为了使被控制对象达到预定的理想状态而实施的。控制系统使被控制对象趋于某种需要的稳定状态。

自动控制系统由被控对象和控制装置两大部分组成，根据其功能，后者又是由具有不同职能的基本元部件组成的。典型的控制系统主要包括以下基本单元：

（1）被控对象，一般是指生产过程中需要进行控制的工作机械、装置或生产过程。描述被控对象工作状态的、需要进行控制的物理量就是被控量。

（2）测量元件，用于对输出量进行测量，并将其反馈至输入端。如果测出的物理量属于非电量，大多情况下要把它转化成电量，以便利用电的手段加以处理。如测速发电机，就是将电动机轴的速度检测出来并转换成电压。

（3）给定元件，职能是给出与期望的输出相对应的系统输入量，是一类产生系统控制指令的装置。

（4）比较元件，是对实际输出值与给定元件给出的输入值进行比较，求出它们之间的偏差。常用的电量比较元件有差动放大器、电桥电路等。

（5）放大元件，是将过于微弱的偏差信号加以放大，以足够的功率来推动执行机构或被控对象。当然，放大倍数越大，系统的反应越敏感。一般情况下，只要系统稳定，放大倍数应适当大些。

（6）执行元件，功能是根据放大元件放大后的偏差信号，推动执行元件去控制被控对象，使其被控量按照设定的要求变化。通常，电动机、液压马达等都可作为执行元件。

（7）校正元件，又称补偿元件，用于改善系统的性能，通常以串联或反馈的方式连接在系统中。是为改善或提高系统的性能，在系统基本结构基础上附加参数可灵活调整的元件。

### 1.1.7　计算机控制系统

由计算机参与并作为核心环节的自动控制系统，被称为计算机控制系统。一个典型计算机控制系统结构如图 1-1 所示[7]。

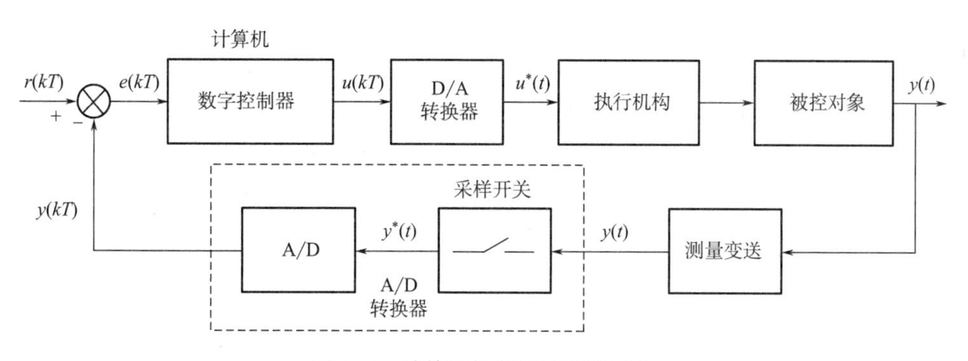


图 1-1　计算机控制系统典型结构

图 1-1 中包括四种信号，数字信号：$r(kT)$ ——给定输入，$y(kT)$ ——经 A/D 转换后的系统输出，$u(kT)$ ——由控制器计算的控制信号，$e(kT)=r(kT)-y(kT)$ ——偏差信号；模拟信号：$y(t)$ ——系统输出（被控制量）；离散模拟信号：$y^*(t)$ ——经过采样开关的被控量信号（时间上离散，幅值上连续）；量化模拟信号：$u^*(t)$ ——经 D/A 转换后的模拟控制信号（时间上连续、幅值上量化）。

从图 1-1 可以看出，典型的计算机控制系统是连续——离散混合系统，其特点是：模拟、数字和离散模拟信号同在；输入输出均为模拟量的连续环节（被控对象、传感器）、输入和输出均为数字量的数字环节（数字控制器、偏差计算）、输入输出为两类不同量的离散模拟环节（A/D 和 D/A）共存。

如果忽略量化效应等因素，常将数字信号和离散模拟信号统称为离散信号，将量化模拟信号称为模拟信号，而模拟信号也可称为连续信号。模拟控制系统可称为连续控制系统，而计算机控制系统常称为数字控制系统，有时也简称为离散控制系统。

### 1.1.8 计算机控制系统的优点

计算机控制系统与常规的连续（模拟）控制系统相比，通常具有如下优点：

（1）设计和控制灵活。计算机控制系统中，数字控制器的控制算法是通过编程的方法来实现的，所以很容易实现多种控制算法，修改控制算法的参数也比较方便。还可以通过软件的标准化和模块化，这些控制软件可以反复、多次调用。

（2）能实现集中监视和操作。采用计算机控制时，由于计算机具有分时操作功能，可以监视几个或成十上百个的控制量，把生产过程的各个被控对象都管理起来，组成一个统一的控制系统，便于集中监视、集中操作管理。

（3）能实现综合控制。计算机控制不仅能实现常规的控制规律，而且由于计算机的记忆、逻辑功能和判断功能，可以综合生产的各方面情况，在环境与参数变化时，能及时进行判断、选择最合适的方案进行控制，必要时可以通过人机对话等方式进行人工干预，这些都是传统模拟控制无法胜任的。

（4）可靠性高，抗干扰能力强。在计算机控制系统中，可以利用程序实现故障的自诊断、自修复功能，使计算机控制系统具有很强的可维护性。另外，计算机控制系统的控制算法是通过软件的方式来实现的，程序代码存储于计算机中，一般情况下不会因外部干扰而改变，因此计算机控制系统的抗干扰能力较强。

### 1.1.9 设计一个实际的控制系统的要求

（1）可靠性高，计算机控制系统通常用于控制不间断的生产过程，在运行期间不允许停机检测，一旦发生故障将会导致质量事故，甚至生产事故。因此要求计算机控制系统具有很高的可靠性。

（2）实时性好，计算机控制系统对生产过程进行实时控制与监测，因此要求它必须实时地响应控制对象各种参数的变化。当过程的状态参数出现偏差或故障时，系统要能及时响应，并能实时地进行报警和处理。

（3）环境适应性强，有的工业现场环境复杂，存在电磁干扰，因此要求计算机控制系统具有很强的环境适应能力，如对温度、湿度变化范围要求高；要具有防尘、防腐蚀、防振动冲击的能力等。

（4）过程输入和输出配套较好，计算机系统要具有丰富的多种功能的过程输入和输出配套模板，如模拟量、开关量、脉冲量、频率量等输入输出模板；具有多种类型的信号调理功能，如隔离型和非隔离型信号调理等。

（5）系统扩充性好，随着工厂自动化水平的提高，控制规模也在不断扩大，因此要求计算机系统具有灵活的扩充性。

（6）系统开放性，要求计算机控制系统具有开放性体系结构，也就是说在主系统接口、网络通信、软件兼容及升级等方面遵守开放性原则，以便于系统扩充、异机种连接、软件的可移植和互换。

（7）控制软件包功能强，计算机控制系统应用软件包应具备丰富的控制算法，同时还应具有人机交互方便、画面丰富、实时性好等性能。

### 1.1.10 控制系统设计的主要步骤

（1）控制系统设计目标的设定。

（2）对被控对象的分析及建立数学模型。

（3）控制系统设计方案的决定。

（4）Simulink 仿真。

（5）编写控制代码。

（6）控制器硬件实现。

## 1.2 非线性控制理论基础

控制理论可以分为两种：线性控制理论和非线性控制理论。

线性控制理论可适用于元件均满足叠加原理的系统（线性系统），其统御方程是线性的微分方程，线性系统中若其参数不会随时间而改变，则称为线性时不变（LTI）系统，这类系统可以用强大的频域数学技巧加以分析，例如，拉普拉斯变换、傅里叶变换、Z 变换、波德图、根轨迹图及奈奎斯特稳定判据。

非线性控制理论则是针对不符合叠加原理的系统（非线性系统），适用于较多的真实世界系统。众所周知，理想的线性系统在实际的工业生产过程中是不存在的。由于系统元器件本身的非线性及参数的变化，以及系统外界或内部因素的影响，使得系统具有非常复杂的非线性特性，所以一般的线性系统的控制方法就在一定应用程度上受到限制。对于非线性系统的控制，大多数研究者都会采用将非线性系统近似线性化，然后采用线性系统的控制策略对非线性系统进行控制系统设计和控制。但是这种方法对于非线性特性不明显的系统的控制可能会有效，对于非线性特性十分强且系统控制精度要求高的非线性系统来说，很难采用一般的线性系统的控制方法来对其进行控制系统设计和控制。所以如何采用新的控制策略对非线性系统进行控制系统设计和控制受到了越来越多的研究人员的关注。如果系统至少包含一个非线性环节或单元，系统的运动规律将由非线性微分方程或非线性算子来描述，那么就称该系统为非线性系统。非线性系统是不满足叠加定理的，在对非线性系统的分析求解过程中，它的解不一定是唯一存在的，而且非线性系统具有自治系统自激振荡、系统频率响应跳变、系统解的分叉及类似于随机系统出现的混沌等特殊现象。

对于非线性控制系统来说，通常可以采用下面的公式对其进行数学描述：

$$f\left(\frac{d^n y}{dt},\ \frac{d^{n-1} y}{dt},\ \cdots,\ \frac{dy}{dt},\ y,\ u\right) = 0 \tag{1-1}$$

式中：$f$ 是一种非线性函数；$y$ 是系统的输出量；$u$ 是控制量。式（1-1）也可以转化成一个一阶非线性方程组，如式（1-2）所示：

$$\begin{cases} \dfrac{dy_1}{dt} = f_1(y_1,\ y_2,\ y_3,\ \cdots,\ y_n;\ u_1,\ u_2,\ u_3,\ \cdots,\ u_r;\ t) \\ \dfrac{dy_2}{dt} = f_2(y_1,\ y_2,\ y_3,\ \cdots,\ y_n;\ u_1,\ u_2,\ u_3,\ \cdots,\ u_r;\ t) \\ \dfrac{dy_3}{dt} = f_3(y_1,\ y_2,\ y_3,\ \cdots,\ y_n;\ u_1,\ u_2,\ u_3,\ \cdots,\ u_r;\ t) \\ \cdots \\ \dfrac{dy_n}{dt} = f_n(y_1,\ y_2,\ y_3,\ \cdots,\ y_n;\ u_1,\ u_2,\ u_3,\ \cdots,\ u_r;\ t) \end{cases} \tag{1-2}$$

式中：$u_i(i=1,\ 2,\ 3,\ \cdots,\ r)$、$y_i(i=1,\ 2,\ 3,\ \cdots,\ n)$ 是状态变量、应用向量的表达方式，上式也可以写为如下的形式：

$$\frac{dy}{dt} = f(y,\ u,\ t) \tag{1-3}$$

式中：$u=(u_1,\ u_2,\ u_3,\ \cdots,\ u_r)$ 是系统的控制向量；$y=(y_1,\ y_2,\ y_3,\ \cdots,\ y_n)$ 是系统的状态向量；$f=(f_1,\ f_2,\ f_3,\ \cdots,\ f_n)$ 是速度向量。由该式描述的非线性控制系统，我们所希望的结果是对于每一个输入都可以满足下面的情况：一是至少存在一个解，也就是所谓的解的存在性；二是只存在一个解，也就是所谓的解的唯一性；三是对于时间半轴［0，+∞），式（1-3）只存在一个解；四是在［0，+∞）上，式（1-3）只存在一个解，并且此解与初始值 $y$（0）

存在连续变化的关系。然而这些条件对于非线性系统来说是非常苛刻的，而且只有函数$f$满足严格的要求才会实现。一般来说式子（1-3）的解很难找到，即使存在也不能表达成解析形式，也只能对它进行数值计算或者近似估计。由此我们可以知道，与线性系统的控制相比，对于非线性系统的控制就没有那么容易了。

目前非线性系统的分析及控制方法主要包括：描述函数法、相平面法、李雅普诺夫稳定性分析、奇异摄动法、针对绝对稳定性的波夫判据及圆判据、中心流形定理、小增益定理、无源性分析、增益规划、非线性阻尼、反演控制、滑动模式控制等。

描述函数（Describing Function）是控制系统中用近似方式处理非线性系统的方法，由Nikolay Mitrofanovich Krylov及尼古拉·博戈柳博夫在1930年代提出，后来由Ralph Kochenburger延伸。描述函数是以准线性为基础，是用依输入波形振幅而变化的线性时不变传递函数来近似非线性系统的做法。依照定义，真正线性时不变系统的传递函数不会随输入函数的振幅而变化（因为是线性系统）。因此，其和振幅的相依性就会产生一群线性系统，这些系统结合起来的目的是概括近似非线性系统的特性。描述函数是少数广为应用来设计非线性系统的方法，描述函数是在分析闭回路控制器（例如，工业过程控制、伺服机构、电子振荡器）的极限环时，常见的数学工具。

相平面（Phase Plane）是在应用数学（特别是非线性系统）中，视觉化的展示特定微分方程特征的方式。相平面是一个由两个状态变数为坐标轴组成的平面，例如说（$x$，$y$）或（$q$，$p$）等。相平面是多维度相空间在二维空间中的例子。相平面法（Phase Plane Method）是指用绘图的方式，来确认微分方程的解中是否存在极限环。微分方程的解可以形成函数族。用绘图的方式，可以画在二维的相平面上，类似二维的向量场。向量会表示某一点对应特定参数（例如时间）的导数，也就是（$dx/dt$，$dy/dt$），会绘制在对应的点上，以箭头表示。若有够多的点，就可以分析此区域内的系统行为，若有极限环，也可以识别出来。整个场即可形成相图，在流线上的特定路径（一个永远和向量相切的路径）即为相路径（phase path）。向量场上的相表示微分方程所说明的系统随时间的演化。相平面可以用来解析物理系统的行为，特别是振荡系统，如猎食者—猎物模型（可参考洛特卡—沃尔泰拉方程）。这些模型中的相路径可能是向内旋转，慢慢趋近0，也可能是向外旋转，慢慢趋近无限大，或是接近中性的平衡位置。路径可能是圆形、椭圆或是其他形状。在判断其系统是否稳定时很有用。

在数学和自动控制领域中，李雅普诺夫稳定性（Lyapunov Stability）或称作李亚普诺夫稳定性，可用来描述一个动力系统的稳定性。李雅普诺夫稳定性可用在线性及非线性的系统中。不过线性系统的稳定性可由其他方式求得，因此李雅普诺夫稳定性多半用来分析非线性系统的稳定性。李亚普诺夫稳定性的概念可以延伸到无限维的流形，即为结构稳定性，是考虑微分方程中一群不同但“接近”的解的行为。输入—状态稳定性（ISS）则是将李雅普诺夫稳定性应用在有输入的系统。

奇异摄动问题是指数学上一个含有小参数的问题，但不能直接把小参数设为零来求所有近似解的问题。在描述奇异摄动问题的方程里，小参数作为系数出现在含有最高阶次方或导数项里，如果按照常规摄动法把小参数设为零，将会导致方程降阶从而不能得到所有的近似解。奇异摄动的来源是这类问题里存在多个尺度。为了求得在每个尺度上的有效近似解，需要将方程用不同尺度规范化以得到新的方程。而新的方程则可以用常规摄动法来求近似解。

波夫判据（Popov Criterion）是非线性控制以及稳定性理论中的稳定性判据，由 Vasile M. Popov 所提出，是针对非线性特性满足开区间条件（Open-Sector Condition）非线性系统的绝对稳定性。波夫判据只适用于非时变的非线性系统，而圆判据可以用在时变的非线性系统。圆判据（Circle Criterion）是非线性控制及稳定性理论中，针对非线性时变系统的稳定性判据。可以视为是针对线性时不变系统（LTI）的奈奎斯特稳定判据之扩展版本。

反推控制（Backstepping）也称为反演控制或反步法，是一种控制理论的技术，在大约 1990 年时由 Petar V. Kokotovic 等人提出，针对特殊形式的非线性动力系统设计可以稳定系统的控制器。此系统是由许多子系统一层一层组成，最内层的子系统不可再简化，可以由其他方式稳定最内层的系统。由于此系统的递归结构，设计者可以以最内层可稳定的系统为起始点，反推新的控制器来稳定较外层的子系统，此程序会一直进行到处理到最外层的外部控制命令为止。因此此方式称为是“反推控制”。

滑动模式控制（Sliding Mode Control）简称 SMC，是一种非线性控制的技术，利用不连续的控制信号来调整非线性系统的特性，强迫系统在两个系统的正常状态之间滑动，最后进入稳态[14~17]。其状态—反馈控制律不是时间的连续函数。相反的，控制律会依目前在状态空间中的位置不同，可能从一个连续的控制系统切换到另一个连续的控制系统。因此滑动模型控制属于变结构控制。已针对滑动模型控制设计了许多的控制结构，目的是让相空间图中的轨迹可以前往和另一个控制结构之间相邻的区域，因此最终的轨迹不会完全脱离某个控制结构。相反的，轨迹会在控制结构的边界上“滑动”。这种沿着控制结构之间边界滑动的行为称为“滑动模式”，而包括边界在内的几何轨迹称为滑动曲面（Sliding surface）。在现代控制理论的范围中，任何变结构系统（如滑动模式控制）都可以视为是并合系统的特例，因为系统有些时候会在连续的状态空间中移动，有时也会在几个离散的控制模式中切换。

与线性系统相比，非线性系统区别于它的一个最主要的特征是，叠加原理不再适用于非线性系统。由于这个性质，就导致了非线性系统在学习和研究上的复杂性。也因为非线性系统的复杂性，致使其理论的发展与线性系统理论相比，显得稚嫩和零散。非线性系统本身的复杂性及其数学处理上的一些困难，造成了到现在为止仍然没有一种普遍的方法可以用来处理所有类型的非线性系统。

由于非线性现象能反映出非线性系统的运动本质，所以非线性现象是非线性系统所研究的对象。但是用线性系统理论的知识却是无法来解释这类现象的，其主要缘故在于非线性系统现象有自激振荡、跳跃、谐振、分谐波振荡、多值响应、频率对振幅的依赖、异步抑制、频率插足、混沌和分岔等。

非线性系统与线性系统相比较，其具有了一系列新的特点：

（1）叠加原理不再适用于非线性系统，但是具有叠加性和齐次性却是线性系统的最大特征。

（2）非线性系统经常会产生持续振荡，即所谓的自持振荡；而线性系统运动的状态有两种：收敛和发散。

（3）从输入信号的响应来看，输入信号不会对线性系统的动态性能产生任何影响，但是输入信号却能影响非线性系统的动态性能。而且对于非线性 系统来说，系统的输出可能会产生变形和失真。

（4）从系统稳定性角度来说，输入信号的种类和大小以及非线性系统的初始状态，对非线性系统的稳定性都有影响，但是在线性系统中，系统的参数及结构就决定了系统的稳定性，且系统的输入信号和初始状态对系统的稳定性没有丝毫关系。

（5）当正弦函数为输入信号时，非线性系统的输出是会有高次谐波的函数，而且函数的周期是非正弦周期的，就是说系统的输出会产生倍频、分频、频率侵占等现象，但是对线性系统来说，当输入信号为正弦函数时，系统的输出是同频率的正弦函数，也是一个稳态过程，两者仅在相位和幅值上不同。

（6）在非线性系统中，互换系统中存在的串联环节，也许将导致输出信号发生彻底的改变，或者将使稳定的系统变为成一个不稳定的，但是对于线性系统来说，系统输出响应并不会由于互换串联环节而发生变化。

（7）非线性系统的运动方式比线性系统要复杂得多，在一定的条件下，非线性系统会有一些特殊的现象，例如突变、分岔、混沌等现象。

由于现在还没有普遍性的系统性的数学方法，可以用来处理非线性系统的问题，所以对非线性系统的分析要比线性系统复杂很多。从数学角度来看，非线性系统解的存在性和唯一性都值得研究；从控制方面来看，即使现为止的研究方法有不少，但能通用的方法还是没有。从工程应用方面来看，很多系统的输出过程是很难能精确求解出来的，所以一般只考虑下面 3 种情况：

（1）系统是不是稳定的。

（2）系统是不是会产生自激振荡以及自激振荡的频率和振幅的计算方法。

（3）怎么样来限制系统自激振荡的幅值以及用什么方法来消除它。

## 1.3 鲁棒控制理论基础

鲁棒控制（Robust Control）是指对未知对象的控制，其动态特性不受未知干扰的影响，其“鲁棒性”，是指控制系统在一定结构、大小的参数摄动下，维持某些性能的特性[18~22]。鲁棒控制是控制理论中的一个分支，是专门用来处理控制器设计时逼近的不确定性，主要的鲁棒控制理论有：Kharitonov 区间理论；H∞ 控制理论；结构奇异值理论（μ 理论）等。

鲁棒控制方法，是对时间域或频率域来说，一般要假设过程动态特性的信息和它的变化范围。一些算法不需要精确的过程模型，但需要一些离线辨识。一般鲁棒控制系统的设计是以一些最差的情况为基础，因此一般系统并不工作在最优状态。

常用的设计方法有：INA 方法、同时镇定法、完整性控制器设计法、鲁棒控制法、鲁棒 PID 控制法、鲁棒极点配置法以及鲁棒观测器法等。

鲁棒控制适用于稳定性和可靠性作为首要目标的应用，同时过程的动态特性已知且不确定因素的变化范围可以预估。飞机和空间飞行器的控制是这类系统的例子。过程控制应用中，某些控制系统也可以用鲁棒控制方法设计，特别是对那些比较关键且不确定因素变化范围大和稳定裕度小的对象。但是，鲁棒控制系统的设计要由高级专家完成。一旦设计成功，就不需太多的人工干预。另外，如果要升级或作重大调整，系统就要重新设计。鲁棒控制方法一般应用于在一些集合（特别是紧集合）中存在不确定参数或者扰动的情况。鲁棒控制意在使系统具有鲁棒性，并在存在有界建模误差的情况下使系统稳定。

与自适应控制的对比，鲁棒控制专注于状态，而不是对变量的调整，控制器需要在基于某些变量未知但有界的假设下，才能够有效地工作。

一般来说，如果一个控制器是针对某个固定的参数集而设计，但是当它在一个不同的假设集下，依然能够很好的工作，控制器就是鲁棒的。高增益反馈是一个简单的鲁棒控制例子，在充分的高增益下，任何参数的变化所产生的影响都会被忽略不计。

由于工作状况变动、外部干扰以及建模误差的缘故，实际工业过程的精确模型很难得到，而系统的各种故障也将导致模型的不确定性，因此可以说模型的不确定性在控制系统中广泛存在。如何设计一个固定的控制器，使具有不确定性的对象满足控制品质，也就是鲁棒控制。

通常在建立被控对象的数学模型的时候，我们无法得到完全精确的模型，也就是说，我们所建立的模型只是实际系统的近似表示或者简化表示。这主要是由于系统总是存在各种的不确定性，例如未建模的动态特性、测量的物理参数与真实值之间的误差、外界扰动等。鲁棒控制的优点是不需要在线设计控制器的参数，即使系统的动态特性发生了变化，系统仍然可以维持在理想的状态下运行。有些鲁棒算法不需要完全精确的系统模型，只需要离线进行辨识就可以。鲁棒控制的设计目标是考虑到在存在不确定性的情况下，使系统能够保持所需的控制性能。20 世纪中期开始，就出现了有关鲁棒控制（Robust Control）方面的研究，从出现这种算法一直到现在，鲁棒控制一直是控制领域的热点问题，并且这股研究热潮有望一直持续下去。

在该理论发展的初始阶段，Zames 最早提出了基于微分灵敏度分析法的鲁棒控制方法。当时鲁棒控制主要的研究对象是单变量系统在极小的不确定性影响下的鲁棒性能。但是，在实际的工业生产过程中，不仅系统的故障会改变系统固有的参数，而且系统容易受到各种不确定因素的影响，这些变化通常是有界的扰动，而不是极小的扰动。为了解决这些问题，现代鲁棒控制应运而生。它研究了系统在有界扰动存在的情况下，仍然能使系统保持控制理想性能，它主要研究的内容是 控制算法的可靠性和鲁棒控制器的设计方法。对系统进行鲁棒控制器设计的根本目的是使系统具有鲁棒性，在有界的不确定性存在的情况下仍能保证系统稳定。特别是对于以系统的稳定性和可靠性为控制目标，系统的不确定因素的范围可以预测，系统的动态性能已经知道的被控对象，鲁棒控制方法是很适合应用的。但是鲁棒控制也有一定的约束和条件，即需要在某些未知变量有界的条件下，才能够进行有效的控制。

在 Zames 提出鲁棒控制理论之后的 20 多年来，很多学者在他的基础之上不断深入研究，这些学者对鲁棒控制理论的发展做出了巨大的贡献，使得这一理论具有了更加宽泛的应用前景。众所周知，非线性控制系统存在的各种不同的复杂性，因此非线性系统的鲁棒控制已成为控制领域的一个热门话题。

## 1.4　非线性鲁棒控制研究现状

鲁棒控制的早期研究，主要针对单变量系统（SISO）的在微小摄动下的不确定性，具有代表性的是 Zames 提出的微分灵敏度分析。然而，实际工业过程中故障导致系统中参数的变化，这种变化是有界摄动，而不是无穷小摄动。因此产生了以讨论参数在有界摄动下系统性能保持和控制为内容的现代鲁棒控制。

现代鲁棒控制是一个着重控制算法可靠性研究的控制器设计方法。其设计目标是找到在实际环境中为保证安全要求控制，系统必须满足的最小要求。一旦设计好这个控制器，它的参数不能改变，而且控制性能能够保证。

波特等人的早期控制方法已具有一定鲁棒性，早在 19 世纪 60~70 年代，状态空间方法刚被发明的时候，他们就发现有时候会缺少鲁棒性，并进行了进一步的研究和改进。这便是鲁棒控制的初始阶段，随后在20世纪80年代和90年代有了具体的应用，并一直活跃至今。

鲁棒控制开始于19世纪70年代末期至19世纪80年代早期，并迅速发展出了许多处理有界系统不确定性的技术方法。最重要的鲁棒控制技术的例子是由剑桥大学的邓肯·麦克法兰和基思·格洛弗所提出的H∞环路成形方法，这个方法使得系统对它频谱灵敏度达到最小，并且保证了当有扰动进入系统时，系统依然能够不会偏离期望轨迹太多。

从应用的角度来看，鲁棒控制的一个新兴领域是滑模控制（SMC），这是一种变化的变结构控制。滑模控制对于不确定性匹配的鲁棒性，以及设计上的简单化，使其有了极其广泛的应用。

传统的鲁棒控制都是用确定性的方式来处理问题，最近20多年来此做法已受到批评，因为其太过僵化，无法描述实际应用的不确定性，而且也常常造成过度保守的解。因此，另一种处理方式是概率性的鲁棒控制，例如，用情境最优化来处理鲁棒控制的研究[23~25]。

另一个例子是回路传递恢复（LQF/LTR），旨在克服线性二次型高斯控制器（LQG控制器）的鲁棒性问题。

传统的控制理论使人类控制环境和环境自动化已有几个世纪了。现代控制技术使工程师能够优化其构建的控制系统，以实现成本和性能。但是，最佳控制算法并不总是能够容忍控制系统或环境的变化。鲁棒控制理论是一种通过改变系统参数来测量控制系统性能变化的方法。该技术的应用对于构建可靠的嵌入式系统很重要。目的是允许探索设计空间，以寻找对系统变化不敏感并可以保持其稳定性和性能的替代方案。

为了获得鲁棒控制的观点，检查控制理论中的一些基本概念很有用。控制理论在历史上可以分为两个主要领域：常规控制和现代控制。常规控制涵盖了1950年以前开发的概念和技术。现代控制涵盖了1950年至今的技术。随着反馈理论的发展，常规控制变得很有趣。使用反馈来稳定控制系统。反馈控制的一种早期用途是开发用于稳定机车蒸汽机的飞球调速器。另一个例子是在19世纪20年代对电话信号使用反馈。问题是长线传输信号，由于失真，可以串联添加到电话线的中继器数量受到限制。Harold Stephen Black 提出了一种反馈系统，该系统将使用反馈来限制失真。即使增加的反馈牺牲了中继器的一些增益，它也提高了整体性能。

常规控制依赖于使用微分方程开发控制系统的模型。然后，将Laplace变换用于在频域中表达系统方程，在其中可以对其进行代数处理。对非线性系统来说，设计控制系统的一般方法是首先要对被控对象建立数学模型，然后再对该系统进行分析并设计相应的控制系统。但是，在实际应用中，完全精确的非线性模型几乎是无法得到的。因而，对于非线性系统的鲁棒控制是国内外控制领域的重点科研方向。滑模控制的核心思想在于利用其高频开关特性迫使非线性系统的状态轨迹逐渐运动到设计好的滑模面上，并且维持其保持在滑模面运行的状态。在滑动控制中，一旦系统的运动轨迹到达了滑模面，系统将一直保持着滑模面上运行的状态，就得到理想的跟踪特性，而且与被控对象的参数无关，因此滑模控制的优点之一是对不确定性的不敏感性，因此具有较好的鲁棒性能。文献［9］第一次将滑模变结构控制方法与机器人手臂的控制系统设计相结合，各个关节间的强耦合现象通过驱动系统进入滑模面的运行状态得以有效地抑制，提出的这个控制算法很好地解决了机器人手臂的定点调节问题。众所周知，滑模面的设计对于滑模变结构的控制效果有着很大的影响，通过对常规的 PD 滑模面的改进，提出并设计了两种不同的控制器，各自都有自己的优缺点。具体来说，前者的结构更为简单、容易实现，但是后者对于参数进行在线估计，可以提高控制的精度，提升控制效果。在传统的滑模控制的基础上，文献［11］提出的终端滑模控制有着明显的优势，它只需要很小的控制增益，并且系统误差可以变得非常小。但是由于滑模控制存在的不连续控制方法，很容易出现抖振现象，这是滑模控制一直无法有效解决的问题，影响了其应用的范围和控制效果，不仅会造成部件运行过程中发生不必要的磨损，而且会引发未建模的动态特性。

鲁棒自适应方法是自适应控制和鲁棒控制相结合的一种控制方法。一般来说，采用鲁棒控制可以补偿非参数的不确定性，而参数的不确定性由自适应控制进行补偿[26~36]。具体分为两大类：

（1）自适应控制率的鲁棒增强方法的优点是在考虑到不确定性的情况下，如模型不确定性、未建模的动态和外界扰动等不确定因素，该方法可以保证系统的稳定性，误差和闭环信号均可以一致且有界。但是缺点是以系统的渐进稳定性为代价，系统误差无法趋近于零。

（2）不确定性上界参数的辨识方法[13] 的优点是无需对机器人手臂的每一个参数进行在线的辨识，仅仅需要对估计函数中的几个标量参数进行辨识，即使机器人手臂的自由度的个数发生变化，这些标量的参数也不会发生变化。相对于自适应控制律的控制方法，不确定性上界参数的辨别方法只需要辨识很少的物理参数，对于多关节的机器人而言，该方法显然简单易行，极大地减少了计算量。此外，考虑到系统未建模动态和外界扰动的不确定性，仍然可以保证全局的收敛。虽然有着这样两个优点，但是该方法有着严格的实时性要求，对于那些具有反复性的、控制时间较长的系统并不适用此方法。

本书所描述的是基于算子理论的非线性系统进行鲁棒控制，主要用非线性互质分解方法来讨论系统的鲁棒控制。对于非线性系统的控制理论，很多都是从线性系统控制理论中平移过来的。虽然线性系统的互质分解理论是非线性系统互质分解理论的基础，并且促使了它的形成，但是它们之间仍然存在非常大的区别，这导致了非线性系统的许多理论无法完全移植线性系统的理论进行控制，即使可以应用，也需要进行严密的论证，不能随意使用。对于线性系统，右互质分解可以由左互质分解的对偶变换得到。但是对于非线性系统，互质分解中不存在这样的关系。由于非线性算子不满足左分解式 $C(A+B)=CA+CB$，因此非线性系统的右互质分解理论得到了更为广泛的研究和应用[34~40]。正是由于这个原因，非线性系统的互质分解中存在的很多复杂的原因，需要更深入的研究。30 多年以来，经过众多国内外专家学者的不懈努力，建立并完善了非线性系统的互质分解理论，并且在多个控制领域如系统稳定性、鲁棒稳定性、系统辨识、自适应控制、预测控制及状态观测器等都得到了广泛的研究和应用。

目前，非线性右互质分解主要有两种方法，一种方法是基于纯粹的输入/输出的基础上的技术。另一种是移植于线性系统右互质分解方法中的传递矩阵，称为 Bezout 方法。这种方法是基于 Bezout 恒等式，该方法的右互质分解的控制思想是把一个非线性算子表示成两个非线性稳定算子之“比”，并且这两个算子可以满足 Bezout 恒等式。本书主要采用基于 Bezout 恒等式的右互质分解方法，阐述对非线性系统进行鲁棒控制。

1998 年，G. Chen 和 Z. Han 提出了右互质分解的鲁棒性这一概念，指出了系统如果能够进行鲁棒互质分解，就能够保证系统的 鲁棒稳定性。在此基础上，不断有学者深入对此方法的研究，目前，这种方法已经应用到许多非线性系统的控制系统的设计中，如网络化铝板热过程、含有磁滞的人工肌肉系统、具有多输入多输出的机器人手臂系统等。通过分析上述的文献分析可知，基于演算子理论的右互质分解方法能够有效地抑制系统的不确定性，并且通过设计跟踪控制器，可以实现跟踪性能。

## 1.5 本章小结

本章首先概括地介绍了自动控制技术和自动控制理论的研究现状和发展过程，计算机控制系统设计方法，非线性控制技术的研究现状、发展过程及设计方法，非线性鲁棒控制技术的研究现状、发展过程及设计方法。

### 参考文献

[1] 胡寿松. 自动控制原理 [M]. 北京：科学出版社，2015.

[2] Gene F. Franklin，J. David Powell，Abbas Emami-Naeini. 自动控制原理与设计 [M]. 6 版. 李中华，等，译. 北京：电子工业出版社，2013.

[3] 刘豹，唐万生. 现代控制理论 [M]. 3 版. 北京：机械工业出版社，2011.

[4] 王宏华. 现代控制理论 [M]. 3 版. 北京：电子工业出版社，2018.

[5] 刘金琨. 智能控制：理论基础、算法设计与应用 [M]. 北京：清华大学出版社，2019.

[6] 蔡自兴. 智能控制原理与应用 [M]. 3 版. 北京：清华大学出版社，2019.

[7] 王东云，王海泉，王瑗珲. 计算机控制系统理论与设计 [M]. 北京：中国纺织出版社，2013.

[8] 伊西多，王奔，庄圣贤. 非线性系统 [M]. 北京：电子工业出版社，2012.

[9] 瞿少成. 应用非线性控制技术 [M]. 长沙：国防科技大学出版社，2008.

[10] 程代展. 非线性系统的几何理论 [M]. 北京：科技出版社，1993.

[11] 冯纯伯，张侃健. 非线性系统的鲁棒控制 [M]. 北京：科学出版社，2004.

[12] 夏小华，高为炳. 非线性系统控制及解耦 [M]. 北京：科技出版社，1993.

[13] A. Isidori. Nonlinrar control systems [M]. 3rd ed.. Berlin：Springer，1995.

[14] 刘金琨，孙富春. 滑模变结构控制理论及其算法研究与进展 [J]. 控制理论与应用，2007，24 (3)：407-418.

[15] 穆效江，陈阳舟. 滑模变结构控制理论研究综述 [J]. 控制工程，2007，14 (1)：1-5.

[16] 席裕庚. 预测控制 [M]. 北京：国防工业出版社，1996.

[17] C. P. Tan，X. H. Yu，Z. H. Man. Terminal sliding mode observers for a class of nonlinear system [J]. Automatica，2010，46 (8)：1401-1404.

[18] 褚健，王骥程. 非线性系统的鲁棒性分析 [J]. 信息与控制，1990，4 (12)：29-32.

[19] 冯纯伯，张侃健. 非线性系统的鲁棒控制 [M]. 北京：科学出版社，2004：214.

[20] 梅生伟，申铁龙，刘康志. 现代鲁棒控制理论与应用 [M]. 北京：清华大学出版社，2008.

[21] Z. Li，T. Chai，C. Wen，C. Soh. Robust output tracking for nonlinear uncertain systems [J]. Systems & Control Letters，1995，25 (1)：53-61.

[22] R. J. P. de Figueiredo，G. Chen. An operator theory approach：Nonlinear feedback control systems [M]. New York：Academic Press，INC.，1993.

[23] X. Chen，G. Zhai. Observation for the descriptor systems with disturbances [J]. Nonlinear Dynamics and Systems Theory，2007，7 (2)：121-139.

[24] B. D. O. Andersor，M. R. James. Robust stabilization of nonlinear plants via left coprime factorization [J]. Systems & Control Letters，1990，15 (2)：125-135.

[25] A. D. B. Paice，J. B. Moore，D. J. N. Linebeers. Robust stabilization of nonlineear systems via normalized coprime factor representation [J]. Automatica，1998，34 (12)：1593-1599.

[26] G. Chen，R. J. P. de Figueiredo. On construction of coprime factorization of nonlinear feedback control system [J]. Circuit System Signal Process，1992，11：285-307.

[27] D. Deng，A. Inoue，K. Ishikawa. Operator-based nonlinear feedback control design using robust right coprime factorization [J]. IEEE Transactions on Automatic Control，2006，51 (4)：645-648.

[28] 温盛军，毕淑慧，邓明聪. 一类新非线性控制方法：基于演算子理论的控制方法综述 [J]. 自动化学报，2013，39 (11)：1812-1819.

[29] 朱芳来，罗建华. 基于算子理论的非线性系统互质分解方法及现状 [J]. 桂林电子工业学院学报，2001，21 (2)：18-23.

[30] S. Wen, D. Deng. Operator-based robust nonlinear control and fault detection for a peltier actuated thermal process [J]. Mathematical and Computer Modelling, 2013, 57 (1-2): 16-29.

[31] B. D. O. Anderson, M. R. James, D. J. N Limebeer. Robust stabilization of nonlinear systems via normalized coprime factor representations [J]. Automatica, 1998, 34 (12): 1593-1599.

[32] A. Wang, M. Deng. Operator-based robust nonlinear tracking control for a human multi-joint arm-like manipulator with unknown time-varying delays [J]. Applied Mathematics & Information Sciences. 2012, 6 (3): 459-468.

[33] A. Wang, Z. Ma, J. Luo, Operator-based robust nonlinear control analysis and design for a bio-inspired robot arm with measurement uncertainties [J]. Journal of Robotics and Mechatronics, 2019, 31 (1), 104-109.

[34] A. Wang, H. Yu, S. Cang. Bio-inspired robust control of a robot arm-and-hand system based on human viscoelastic properties [J]. Journal of the Franklin Institute, 2017, 345 (4), 1759-1783.

[35] A. Wang, D. Wang, H. Wang, S. Wen, M. Deng. Nonlinear perfect tracking control for a robot arm with uncertainties using operator-based robust right coprime factorization approach [J]. Journal of Robotics and Mechatronics, 2015, 27 (1), 49-56.

[36] A. Wang, M. Deng. Robust nonlinear multivariable tracking control design to a manipulator with unknown uncertainties using operator-based robust right coprime factorization [J]. Transactions of the Institute of Measurement and Control, 2013, 35 (6), 788-797.

[37] A. Wang, M. Deng. Operator-based robust control design for a human arm-like manipulator with time-varying delay measurements [J]. International Journal of Control, Automation and Systems, 2013, 11 (6), 1112-1121.

[38] A. Wang, G. Wei, H. Wang. Operator based robust nonlinear control design to an ionic polymer metal composite with uncertainties and input constraints [J]. Applied Mathematics & Information Sciences, 2014, 8 (5), 1-7.

[39] M. Deng, A. Wang. Robust nonlinear control design to an ionic polymer metal composite with hysteresis using operator based approach [J]. IET Control Theory & Applications, 2012, 6 (17), 2667-2675.

[40] A. Wang, M. Deng. Operator-based robust nonlinear control for a manipulator with human multi-joint arm-like viscoelastic properties [J]. SICE: Journal of Control, Measurement, and System Integration, 2012, 5 (5), 296-303.

# 第2章　基于算子理论的控制系统设计

算子是对研究对象广泛运算的抽象概括，算子理论是一种以输入空间的信号映射到输出空间的思想为基础的控制理论，它是一种先进的理论技术，所对应的研究对象并不需要近似化或线性化处理，因此被证实很适合非线性系统的研究。将算子理论应用到控制系统中的好处是控制设计会相对简单些，因为能保证有界输入和有界输出的稳定性。

## 2.1　算子理论

算子（演算子）理论是一种控制理论，它的基本思想是以映射为基础，将一个信号从输入空间映射至输出空间[1~6]。算子理论目前较为先进，与其相对应的控制对象不必再做近似线性化处理。通常来说，函数是数集到数集的映射，演算子也是一种映射关系，但是是基于空间到空间的，它是对函数这一概念的进一步推广和研究。非线性的演算子的定义由 de Figueiredo 等学者提出，这种定义使得我们在应用中无需再对非线性对象做线性化的处理，方便、适合运用到真实的工业环境之中[7~11]。

### 2.1.1　定义1：演算子

如图2-1所示，$P$ 为一个非线性演算子，$Q$ 为 $X\rightarrow Y$ 的映射。其中，$X$ 为演算子 $P$ 的输入空间，$Y$ 为演算子 $P$ 的输出空间。$X$、$Y$ 都是赋范的线性空间。从数学的角度描述，$y(t)=Q(u)(t)$。其中，$u(t)$ 为 $X$ 中的元素，$y(t)$ 为 $Y$ 中元素。

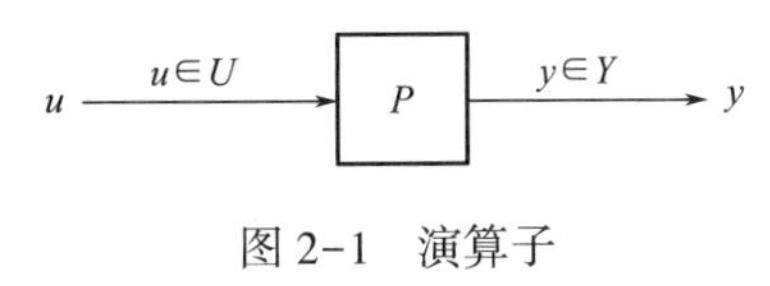


图2-1　演算子

### 2.1.2　定义2：输入输出有界稳定（BIBO：Bounded-input Bounded-output）

如图2-2所示，$Q$ 为一个稳定算子。令 $X$、$Y$ 为实数域的线性空间，令 $X_S$、$Y_S$ 为标准线性子空间，分别称为 $X$、$Y$ 的稳定子空间。一般的，定义 $X_S=\{x\in X:\ \|x\|<\infty\}$，$Y_S=\{y\in Y:\ \|y\|<\infty\}$。一般地，若 $P(X_S)\subseteq Y_S$，则算子 $Q: X\rightarrow Y$ 称为 BIBO[8]。

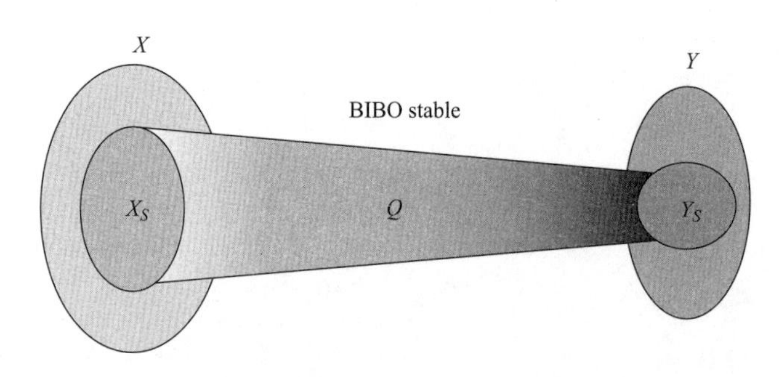


图 2-2 稳定算子与输入输出有界稳定

赋范线性空间就是定义了范数的线性空间，所谓范数就是线性空间到数域的一个映射，其满足范数公理（正定性，齐次性，三角不等式）。

### 2.1.3 定义 3：赋范线性空间

设 $E$ 是实数域（或复数域）$K$ 上的线性空间。若 $\forall x \in E \xrightarrow{\text{按一定规律}} \exists$ 实数 $\|x\| \geq 0$，且满足以下范数公理[8]：

（1）正定性：$\|x\| \geqslant 0$，当且仅当 $x=0$ 时，$\|x\|=0$；

（2）齐次性：$\|\alpha x\| = |\alpha| \cdot \|x\|$；

（3）三角不等式：$\forall x, y \in E$，有 $\|x+y\| \leqslant \|x\| + \|y\|$。

则把 $\|x\|$ 当作是 $x$ 的范数、$E$ 是赋范线性空间，表示为（$E$，$\|x\|$）或 $E$。

### 2.1.4 定义 4：算子 $P$ 的范数

算子 $P$ 的范数表示为[8]：

$$\|P\| = \|P(0)\| + \sup_{u \in U,\ u \neq 0} \frac{\|P(u) - P(0)\|}{\|u\|} \tag{2-1}$$

也可表示为式（2-2）：

$$\|P\| = \|P(u_0)\| + \sup_{\substack{u_1,\ u_2 \in U, \\ u_1,\ \neq u_2}} \frac{\|P(u_1) - P(u_2)\|}{\|u_1 - u_2\|} \tag{2-2}$$

### 2.1.5 定义 5：单模算子

令 $S(X, Y)$ 为 $X \rightarrow Y$ 上的稳定算子，则存在 $S(X, Y)$ 的子集 $u(X, Y)$：

$$u(X, Y) = \{M: M \in S(X, Y)\} \tag{2-3}$$

式中：$M$ 可逆且 $M^{-1} \in S(Y, X)$；$u(X, Y)$ 中的元素 $M$ 称为单模算子[8]。

下面将对广义 Lipschitz 算子进行介绍，它是定义在扩展性空间的算子。

### 2.1.6　定义 6：截断算子

令 $Z$ 为包含定义在区间 $[0, +\infty)$ 上的所有实值可测函数的线性空间。对任意常数 $T \in [0, +\infty)$，令 $P_T$ 为从线性空间 $Z$ 映射到另一包含可测函数的线性空间 $Z_T$ 的投影算子：

$$f_T(t): \ = P_T(f)(t) = \begin{cases} f(t), & t \leqslant T \\ 0, & t > T \end{cases} \tag{2-4}$$

式中：$f_T(t) \in Z_T$ 称为 $f(t)$ 的截断。对于任意给定的可测函数的 Banach 空间 $X$，设：

$$X^e = \{f \in Z: \ \| f_T \|_X < \infty, \text{ for all } T < \infty\} \tag{2-5}$$

显然，$X^e$ 为 $Z$ 的线性子空间，它是 Banach 空间 $X$ 的扩展线性空间。

值得注意的是，扩展线性空间并不是 Banach 空间，但是它由相关的 Banach 空间决定。扩展线性空间之所以应用广泛，是因为在实际运用中，所有控制信号均是有限时间连续的。

### 2.1.7　定义 7：广义的 Lipschitz 算子

令 $X^e$、$Y^e$ 为两个扩展的 Banach 空间，它们与定义在 $[0, +\infty)$ 上的实数域函数的 Banach 空间相关联，且有子空间 $U$ 满足 $U \subseteq Y^e$。非线性算子 $P: U \to Y^e$ 被称为 $U$ 上的广义 Lipschitz 算子[8]。

如果存在常数 $c$ 满足：

$$\| (Px)_T - (Ps)_T \|_Y \leqslant c \| x_T - s_T \|_X \tag{2-6}$$

式中：$\forall x, s \in U$ 且 $T \in [0, \infty)$。这样最小的 $c$ 由下式决定：

$$\| P \|: \ = \sup_{T \in [0, \infty)} \sup_{\substack{x, s \in U \\ x \neq s}} \frac{\| (Px)_T - (Gs)_T \|_Y}{\| x_T - s_T \|_X} \tag{2-7}$$

$c$ 被称为广义 Lipschitz 算子的子范数和非线性算子 $P$ 的实范数。

非线性算子的实范数由下式定义：

$$\| P \|_{Lip} = \| P0 \|_Y + \| P \| = \| P0 \|_Y + \sup_{T \in [0, \infty)} \sup_{\substack{x, s \in U \\ x \neq s}} \frac{\| (Px)_T - (Ps)_T \|_Y}{\| x_T - s_T \|_X} \tag{2-8}$$

此外，如果一个 Lipschitz 算子是稳定的，那么它被称为是有限增益稳定的。由式（2-5）可以得到：

$$\| [P_x]_Y - [P_s]_T \| \leqslant \| P \| \| x_T - s_T \|_X \leqslant \| P \|_{Lip} \| x_T - s_T \|_X, \ T \in [0, \infty) \tag{2-9}$$

因标准 Lipschize 算子与广义 Lipschize 算子范围与域并不相同，所以二者并无可比性。对于非线性系统输入控制信号的稳定性、鲁棒性、唯一性的控制及设计方面而言，广义 Lipschize 算子比标准 Lipschize 算子更具实用性。

我们声明，本书中所有的有界线性算子是广义 Lipschitz 算子。我们并不是只考虑有限增益稳定，因为输入空间中的输入函数可能被映射到它的变化范围内的某个地方，而不在其输出空间中，所以一个有限增益算子在上述定义 7 下可能是不稳定的[3]。

## 2.2 基于算子理论的右互质分解技术

基于算子理论的右互质分解技术不被输入信号的形式所牵制，现已成为解决非线性控制系统的分析和应用等问题的有效方法。以下将给出该方法的相关定义。

### 2.2.1 定义8：反馈控制系统的适定

对于一个反馈控制系统，如果组成系统的每个环节都是因果的，而且对给定的输入，系统内部的每个信号都是唯一被确定的，那么就称这个系统是适定的。

### 2.2.2 定义9：算子的右分解

如图2-3所示，如果具有因果稳定的算子 $N$：$W \to Y$，$D$：$W \to U$，$D$ 在 $U$ 上可逆，且满足等式[7~10]：

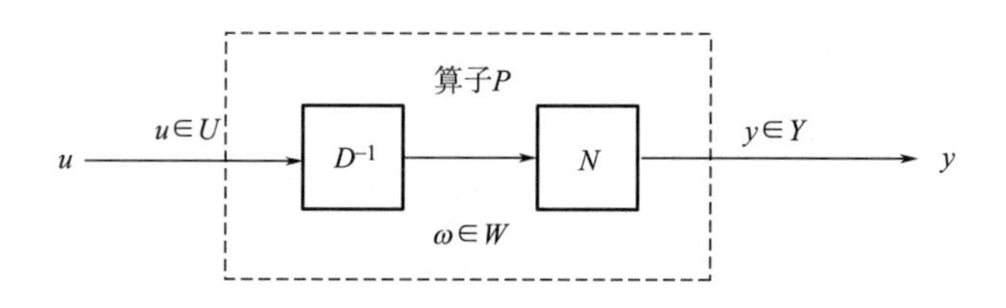


图2-3 算子P的右分解

$$P = ND^{-1} \text{ 或 } PD = N \tag{2-10}$$

则认为算子 $P$ 存在右分解。如果 $N$ 与 $D$ 均为稳定的算子，则 $P$ 被认为存在稳定的右分解。

算子 $D$：$W \to U$ 可逆是算子P具有右分解的充分必要条件，并且 $D(W_s) \subset D_0(P)$。

**证明**：必要性：设P有右分解 $P = ND^{-1}$。$\forall u \in D(W_s) \subset U_s$，$\exists w \in W_s$，使得 $u = D(w)$，从而 $P(u) = PD(w) = N(w) \in Y_s$。所以 $u \in U_s \cap G^{-1}(Y_s) = D_0(P)$，从而有 $D(W_s) \subset D_0(P)$。

充分性：若存在 $D$：$W \to U$ 可逆，且 $D(W_s) \subset D_0(P)$。则：

(1) $D(W_s) \subset U_s$，$D$ 稳定；

(2) 作 $N = PD$：$W \to Y$。$\forall w \in W_s$，$D(w) \in D(W_s) \subset D_0(P) \subset P^{-1}(Y_s)$，所以 $N(w) = PD(w) \in Y_s$。$N$ 稳定。

所以 $P = ND^{-1}$，$N$、$D$ 稳定。论证完毕。

基于算子理论的非线性右互质分解技术，有两种理论方法：一种是关于输入—输出理论，另一种是基于 Bezout 等式的理论。

**例如，** $y(t)=P(u)(t)=\frac{1}{cm}\mathrm{e}^{-At}\int_0^t \mathrm{e}^{A\tau}u(\tau)\mathrm{d}\tau$。

取算子 $D$：$W\rightarrow U$：$u=D(w)=cmw$，是线性放大器，故算子 $D$ 是稳定的且在 $U$ 上可逆，其逆算子 $D^{-1}$：$U\rightarrow W$ 为 $D^{-1}(u)=\frac{1}{cm}u$。取算子 $N$：$W\rightarrow Y$ 为：$y=N(w)=\mathrm{e}^{-At}\int_0^t \mathrm{e}^{A\tau}w(\tau)\mathrm{d}\tau$，有 $|y|=\left|\mathrm{e}^{-At}\int_0^t \mathrm{e}^{A\tau}w(\tau)\mathrm{d}\tau\right|\leqslant\int_0^t|w(\tau)|\mathrm{d}\tau$，可见算子 $N$：$W\rightarrow Y$ 是稳定的。不难验证，对任一输入信号函数 $u\in U$ 有：

$$\begin{aligned}ND^{-1}(u)&=N[D^{-1}(u)]=N(\frac{1}{cm}u)\\&=\mathrm{e}^{-At}\int_0^t \mathrm{e}^{A\tau}\frac{1}{cm}u(\tau)\mathrm{d}\tau=\frac{1}{cm}\mathrm{e}^{-At}\int_0^t \mathrm{e}^{A\tau}u(\tau)\mathrm{d}\tau=P(u)\end{aligned}$$

即 $P=ND^{-1}$。

### 2.2.3　定义 10：算子的右互质分解

如果 $P$ 存在右分解 $P=ND^{-1}$，且 $N$ 和 $D$ 在 $W$ 上没有伪状态，则称 $P$ 存在右互质分解。

所谓 $W$ 上的伪状态 $w$，是指 $w\in W-W_s$，使得 $N(w)\in Y_s$，且 $D(w)\in U_s$，如图 2-4 所示[5]。

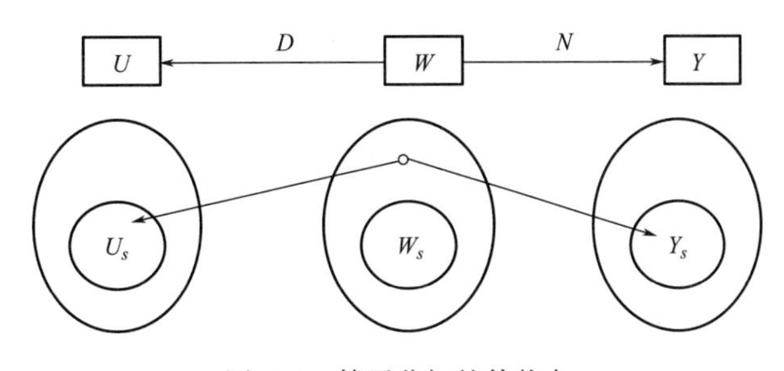


图 2-4　算子分解的伪状态

另外，设 $N$ 和 $D$ 是 $P$ 的 *f. g.* 稳定的右分解。如果 $D(W_s)=D_0(P)$，且存在 $\alpha>0$，使得：

$$\left\|\begin{pmatrix}D\\N\end{pmatrix}w\right\|\geqslant\alpha\|w\|,\quad\forall w\in W_s \tag{2-11}$$

则称这个 *f. g.* 稳定的右分解是互质的。

此处在对系统进行右互质分解时，用到的是基于 Bezout 的方法，有关 Bezout 方法下非线性算子的右互质分解，是基于图 2-4 所示的非线性反馈控制系统，设算子 $P$ 有右分解 $P=ND^{-1}$，若能找到两个稳定的算子 $A$：$Y\to U$，$B$：$U\to U$，满足 Bezout 等式：

$$AN+BD=M \tag{2-12}$$

式中：$B$ 可逆；$M\in\mu(W,U)$ 为单模算子，则称 $P$ 存在右互质分解，也可以称分解是互质的[7,9,10]。

一般地，$P$ 并不稳定，算子 $A$、$N$、$B$、$D$ 均为被设计的对象。另外，值得我们留心的一个地方是，应当注意到系统的初始状态，要求符合条件式（2-13）：

$$AN(\omega_0,t_0)+BD(\omega_0,t_0)=M(\omega_0,t_0) \tag{2-13}$$

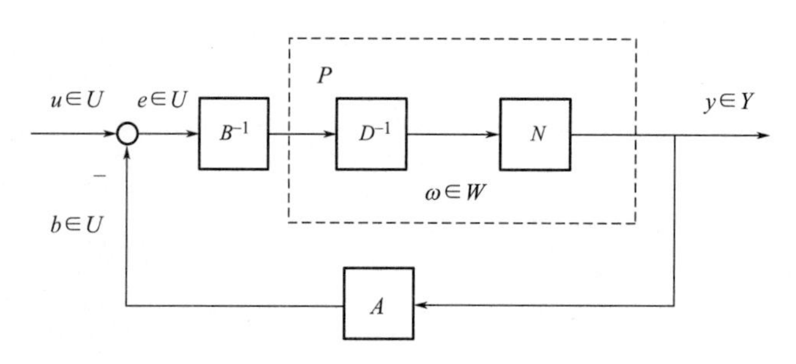


图 2-5 基于演算子理论的非线性反馈控制系统

Bezout 方法的实质为：利用右互质分解技术将一个非线性算子以两个非线性稳定算子“比”的形式表示出来，再相应地找出两个稳定算子，与上述提及的算子一起满足 Bezout 恒等式。Bezout 方法能够对系统鲁棒稳定、跟踪控制等方面的一些难题有比较优良的解决办法，并且 Bezout 等式里面的相关参数能够被用作构建控制器。但是，该方法的缺点是对于 Bezout 等式的求解过程较为困难繁杂。

### 2.2.4 定义 11：幺模（阵）算子

设图 2-5 中的控制系统是适定的，如果系统有右分解 $P=ND^{-1}$，那么系统是全局稳定的，当且仅当算子是幺模（阵）算子。

定义 11 表示如果系统 $P$ 存在右分解 $P=ND^{-1}$，且 $N$ 和 $D$ 满足 Bezout 等式 $SN+RD=M$，$M$ 为幺模算子，那么该系统是全局稳定的。

然而，在满足 Bezout 等式 2-13 后，可以得到图 2-5 的等效系统图。输出和参考输入关系可以表示成如下的式子[7]：

$$y(t)=NM^{-1}(r)(t) \tag{2-14}$$

如果输出空间和参考输入空间相同，即：

$$NM^{-1}=I \tag{2-15}$$

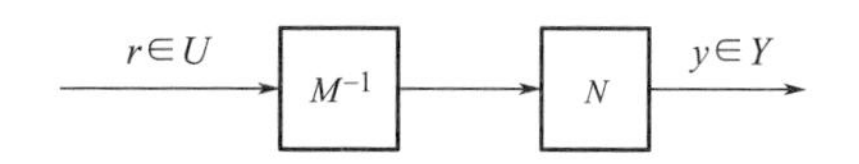


图 2-6　非线性反馈控制系统的等效系统图

那么系统的输出就能跟踪上输入信号。由于用此方法设计的控制器 $S$ 和 $R$，既满足互质分解，也能保证系统的输出信号跟踪性能，简单地称条件式（2-9）为一般条件[7]。

## 2.3　基于算子理论的鲁棒右互质分解技术

针对非线性系统建立的数学模型，是影响控制器设计的主要因素，也是其设计的重要依据。然而，因为非线性系统建模过程中具有参数不确定性（由于参数的变化而引起的模型参数改变）、结构不确定性以及外部扰动等问题，所以会令得到的系统数学模型与真实系统之间有所不同。控制系统内、外部的各种不确定性，令非线性系统鲁棒性能方面的探究变得非常关键。系统的鲁棒特性，表示的是系统能够抵制不确定性的水平。通俗地说，鲁棒性能的研究主要就是为了应对系统不确定性的问题。其中不确定性是对于系统局部的不完全认识，未必就是绝对的无认知或者是完全没有规则的变化。拥有较好的鲁棒性能，则可确保控制系统尽可能小地受到不确定性对系统稳定的影响。也就是说，系统的鲁棒控制，就是在具有不确定性的前提下，系统的稳定性仍然可以得以保障。鲁棒控制的实质性目的，是在模型并不够精准且有来自外界干扰的前提条件下，如何找出一个合适可用的方法，使得系统能够稳定并达到对控制性能的需求。

右互质分解技术目前在线性系统方面的发展已经较为成熟。其理论研究已比较深入，应用方面也得到了极大的推广，因此，该方法在线性系统中得到了广泛认可。但是，对于非线性系统而言，由于系统本身中一些无法避免问题的存在，例如时滞、不确定性、多变量、多约束条件等许多问题，因此，这种方法在非线性控制系统中的运用遭受了层层阻碍。然而，世界各国的专家学者克服种种困难，使得该方法在非线性系统理论中得以推广，并应用在实际系统中，取得了一定的成果。在具有未知不确定性的情况下，若是这个不确定性有界，文献［45］给出了右互质分解技术保证非线性控制系统鲁棒稳定性的条件；为了抑制系统不确定部分对控制系统造成的影响，文献［46］针对带有未知不确定部分的非线性控制系统，运用鲁棒右互质分解技术，给出了一个基于空集概念的充分条件，不过因为不确定部分的未知性，使得该条件的实现极具难度。针对这个问题，文献［45］给出了 Lipschize 不等式，令鲁棒稳定的条件变得简单。以下部分为鲁棒右互质分解的相关介绍及定义。

图 2-7 中虚线部分 $P$ 代表真实系统，$\Delta P$ 为真实系统中的不确定部分，令 $\widetilde{P}=P+\Delta P$。若含有未知不确定部分的真实系统 $\widetilde{P}$ 具有右互质分解：

$$\widetilde{P}=P+\Delta P=(N+\Delta N)D^{-1} \tag{2-16}$$

则称标称系统 $P$ 具有鲁棒右互质分解特性。

式中：$\Delta N=\Delta P\cdot D$。在研究非线性系统的鲁棒性时，我们可以默认为系统的不确定部分均归为算子 $N$ 内，即 $N\rightarrow N+\Delta N$。

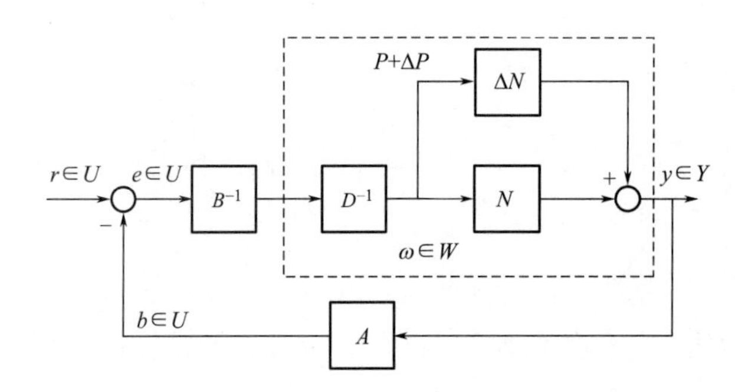


图 2-7　基于演算子理论的鲁棒右互质分解控制系统（单输入单输出）

基于 Lipschitz 算子的概念，在文献［20］中提出了含有不确定性的非线性反馈控制系统，其控制框图如图 2-4 所示，$U$ 和 $Y$ 表示给定模型算子 $P$ 的输入输出空间，例如，$P$：$U\rightarrow Y$，$r$ 和 $y$ 分别是系统的参考输入和系统输出。标称模型和不确定模型分别是 $P$ 和 $\Delta P$，真实模型 $\widetilde{P}=P+\Delta P$。标称模型 $P$ 和真实模型 $\widetilde{P}$ 的右分解分别为 $P=ND^{-1}$，$P+\Delta P=(N+\Delta N)D^{-1}$，这里的 $N$、$\Delta N$ 和 $D$ 都是稳定的算子，且 $D$ 是可逆的，$\Delta N$ 是未知的，但是上下界是已知的。此外，这个分解是互质的，或者说 $P$ 具有右互质分解，如果存在两个稳定的算子 $A$：$Y\rightarrow U$ 和 $B$：$U\rightarrow U$ 满足 Bezout 恒等式：

$$AN+BD=M \tag{2-17}$$

假设非线性稳定算子 $P$ 存在右互质分解 $P=ND^{-1}$，$N$：$W\rightarrow Y$，$D$：$W\rightarrow U$，其所受的未知扰动为 $\Delta P$：$U\rightarrow Y$。在 $N$ 上的扰动为 $\Delta N=\Delta P\cdot D$。若有：$\Delta P\cdot D$ 是稳定的映射，则算子 $P$ 在未知扰动 $\Delta P$ 下是鲁棒稳定的，或称算子 $P$ 在 $\Delta P$ 下具有鲁棒稳定性[9-16]。即 $P+\Delta P=(N+\Delta N)D^{-1}$。

通常，并不硬性要求算子 $P$ 是稳定的。则有以下定理：

假设算子 $P$：$U\rightarrow Y$ 存在右互质分解 $P=ND^{-1}$，且其所遭受的未知扰动为 $\Delta P$：$U\rightarrow Y$，在 $N$ 上的 $\Delta N=\Delta P\cdot D$。若未知扰动 $\Delta P$ 为是稳定的，那么在 $\Delta P$ 的影响下，依旧能够鲁棒右互

质分解[17~21]。

假设算子 $P$：$U \to Y$ 存在右互质分解 $P = ND^{-1}$，且其所遭受到的未知扰动为 $\Delta P$：$U \to Y$，在 $N$ 上的 $\Delta N = \Delta P \cdot D$。$\Delta P = \Delta N \cdot D^{-1}$ 是右互质分解也就表示 $P + \Delta P = (N + \Delta N)D^{-1}$ 具有同样的效果。

基于 Lipschitz 算子的定义，文献［45］给出了带有不确定部分的非线性反馈控制系统，即图 2-7 所示系统。$U$ 和 $Y$ 分别代表非线性算子 $P$ 的输入、输出空间，$P$：$U \to Y$。$r$ 为系统的参考输入，$y$ 为系统的输出。系统建立的数学模型 $P$ 称为标称系统，$\widetilde{P}$ 为真实系统，由标称系统 $P$ 和系统不确定部分 $\Delta P$ 构成。标称系统的右分解为 $P = ND^{-1}$，真实系统的右分解为 $\widetilde{P} = P + \Delta P = (N + \Delta N)D^{-1}$。$N$、$\Delta N$ 和 $D$ 全部为稳定的算子，$D$ 可逆。$\Delta N$ 不明确，但是它的上下界是给出了的。若有稳定的算子 $A$ 和 $B$，使得 $A$、$N$、$B$、$D$ 满足 Bezout 等式：

$$AN + BD = M \tag{2-18}$$

则算子 $P$ 具有右互质分解。其中，$B$ 可逆，$M \in (W, U)$ 为单模算子。

在式（2-15）的基础上，若有：

$$\begin{cases} A(N + \Delta N) + BD = \widetilde{M} \in u(W, U) \\ \| (A(N + \Delta N) - AN)M^{-1} \| < 1 \end{cases} \tag{2-19}$$

那么，这个系统就是单输入单输出（SISO）稳定的。即该非线性系统是鲁棒稳定的[141]。其中，$\widetilde{M}$ 为单模算子。

当满足式（2-18）时，在式中的 $A(N + \Delta N) + BD = \widetilde{M} \in u(W, U)$ 隐含了图 2-7 系统的一个条件：

$$y(t) = (N + \Delta N)M^{-1}r(t) \tag{2-20}$$

从式（2-19）中可以发现，如果有 $(N + \Delta N)M^{-1} = I$，则系统输出跟踪上了参考输入。但是在真实环境中，$\Delta N$ 一般都是未知的。所以，想要符合 $(N + \Delta N)M^{-1} = I$ 这个条件难度非常大。因此，在后续的章节中会针对这个问题进行研究，也就是在考虑保证非线性系统鲁棒稳定的前提条件下，如何设计精确跟踪控制器。

类似地，基于演算子理论的鲁棒右互质分解理论，考虑到不确定性的影响下，提出了多输入多输出的非线性系统的鲁棒控制反馈系统[22,23]。假设标称模型 $P$ 和真实模型 $\widetilde{P} = P + \Delta P$ 有右分解，即 $P = ND^{-1}$ 和 $\widetilde{P} = \widetilde{N}D^{-1} = (N + \Delta N)D^{-1}$，也就是：

$$\begin{cases} P_i = N_i D_i^{-1}, \ i = 1, 2, \cdots, n \\ P_i + \Delta P_i = (N_i + \Delta N_i)D_i^{-1}, \ i = 1, 2, \cdots, n \end{cases} \tag{2-21}$$

式中：$N_i$、$\Delta N_i$ 和 $\mathrm{D_i}$ 是稳定算子；$D_i^{-1}$ 是可逆的；$\Delta N_i$ 虽然未知，但已知其上下界。因此，对于含有不确定性和耦合效应的多输入多输出的非线性系统，标称模型和真实模型分别满足 Bezout 恒等式：

$$A_iN_i + B_iD_i = M_i \in S(W, U) \tag{2-22}$$

$$A_i(N_i + \Delta N_i) + B_iD_i = M_i \in S(W, U) \tag{2-23}$$

这样鲁棒 BIBO 稳定性可以保证，通过满足：

$$\| [A_i(N_i + \Delta N_i) - A_iN_i]M_i^{-1} \| < 1, \quad i = 1, 2, \cdots, n \tag{2-24}$$

需要注意最初状态应被考虑，即 $AN(w_0, t_0) + BD(w_0, t_0) = M(w_0, t_0)$ 应该被满足。在本节中，选取 $t_0 = 0$ 和 $w_0 = 0$。

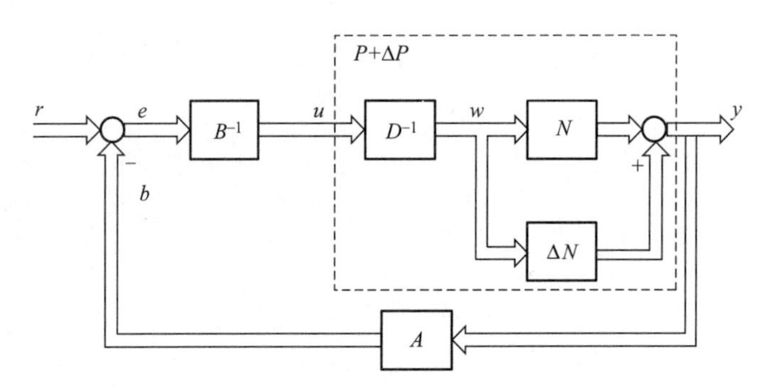


图 2-8　含有不确定性的多输入多输出非线性反馈控制系统

## 2.4　本章小结

本章主要介绍了算子理论、基于算子理论的右互质分解技术和基于算子理论的鲁棒右互质分解技术的基本概念和原理进行了阐述。给出了演算子、输入输出有界稳定、赋范线性空间、算子 $P$ 的范数、单模算子、截断算子、广义的 Lipschitz 算子、算子的右分解和算子的右互质分解的基本定义和概念。

### 参考文献

[1] R. J. P. de Figueiredo, G. Chen. An operator theory approach, Nonlinear feedback control systems [M]. New York: Academic Press, INC., 1993.

[2] A. Banos. Stabilization of nonlinear systems based on a generalized bezout identity [J]. Automatica, 1996, 32

(4): 591-95.

[3] E. D. Sontag. Smooth stabilization implies coprime factorization [J]. IEEE Transactions on Automatic Control, 1989, 34 (4): 435-443.

[4] O. Staffans. Admissible factorizations of Hankel operators induce well-posed linear systems [J]. Systems & Control Letters, 1999, 37 (5): 301-307.

[5] M. S. Verma. Coprime fractional representations and stability of nonlinear feedback systems [J]. International Journal of Control, 1988, 48 (3): 897-918.

[6] M. S. Verma, L. R. Hunt. Right coprime factorizations and stabilization for nonlinear systems [J]. IEEE Transactions on Automatic Control, 1993, 38 (2): 222-231.

[7] G. Chen, Z. Han, Robust right coprime factorization and robust stabilization of nonlinear feedback control systems [J]. IEEE Transaction on Automatic Control, 1998, 43 (10): 1505-1510.

[8] G. Chen, R. J. P. de Figueiredo. On construction of coprime factorization of nonlinear feedback control system [J]. Circuit System Signal Process, 1992, 11: 285-307.

[9] D. Deng, A. Inoue and K. Ishikawa. Operator-based nonlinear feedback control design using robust right coprime factorization [J]. IEEE Transactions on Automatic Control, 2006, 51, (4), 645-648.

[10] 温盛军，毕淑慧，邓明聪. 一类新非线性控制方法：基于演算子理论的控制方法综述 [J]. 自动化学报，2013，39 (11): 1812-1819.

[11] 朱芳来，罗建华. 基于算子理论的非线性系统互质分解方法及现状 [J]. 桂林电子工业学院学报，2001，21 (2): 18-23.

[12] S. Wen, D. Deng. Operator-based robust nonlinear control and fault detection for a peltier actuated thermal process [J]. Mathematical and Computer Modelling, 2013, 57 (1-2): 16-29.

[13] B. D. O. Anderson, M. R. James, D. J. N Limebeer. Robust stabilization of nonlinear systems via normalized coprime factor representations [J]. Automatica, 1998, 34 (12): 1593-1599.

[14] A. Wang, M. Deng. Operator-based robust nonlinear tracking control for a human multi-joint arm-like manipulator with unknown time-varying delays [J]. Applied Mathematics & Information Sciences. 2012, 6 (3): 459-468.

[15] A. Wang, Z. Ma, J. Luo, Operator-based robust nonlinear control analysis and design for a bio-inspired robot arm with measurement uncertainties [J]. Journal of Robotics and Mechatronics, 2019, 31 (1): 104-109.

[16] A. Wang, H. Yu, S. Cang. Bio-inspired robust control of a robot arm-and-hand system based on human viscoelastic properties [J]. Journal of the Franklin Institute, 2017, 345 (4): 1759-1783.

[17] A. Wang, D. Wang, H. Wang, S. Wen, M. Deng. Nonlinear perfect tracking control for a robot arm with uncertainties using operator-based robust right coprime factorization approach [J]. Journal of Robotics and Mechatronics, 2015, 27 (1): 49-56.

[18] A. Wang, M. Deng. Operator-based robust control design for a human arm-like manipulator with time-varying delay measurements [J]. International Journal of Control, Automation, and Systems, 2013, 11 (6): 1112.

[19] A. Wang, G. Wei, H. Wang. Operator based robust nonlinear control design to an ionic polymer metal composite with uncertainties and input constraints [J]. Applied Mathematics & Information Sciences, 2014, 8 (5): 1-7.

[20] M. Deng, A. Wang. Robust nonlinear control design to an ionic polymer metal composite with hysteresis using operator based approach [J]. IET Control Theory & Applications, 2012, 6 (17): 2667-2675.

[21] A. Wang, M. Deng. Operator-based robust nonlinear control for a manipulator with human multi-joint arm-like viscoelastic properties [J]. SICE: Journal of Control, Measurement, and System Integration, 2012, 5 (5): 296-303.

[22] A. Wang, M. Deng. Robust nonlinear multivariable tracking control design to a manipulator with unknown uncertainties using operator-based robust right coprime factorization [J]. Transactions of the Institute of Measurement and Control, 2013, 35 (6): 788-797.

[23] M. Deng, S. Bi, A. Inoue. Robust nonlinear control and tracking design for multi-input multi-output nonlinear perturbed plants [J]. IET Control Theory & Applications, 2009, 3 (9): 1237-1248.

# 第3章 基于鲁棒右互质分解和PI控制的鲁棒跟踪控制

## 3.1 基于鲁棒右互质分解和PI控制的鲁棒跟踪控制技术

对应图2-5基于演算子理论的非线性反馈控制系统可以保证系统的鲁棒稳定，但是不能保证跟踪，另外根据式（2-14）可知，设计精准的跟踪控制器是不可能的。因此，为了能够跟踪给定输入，在系统滑模鲁棒稳定的基础上，设计了外环PI控制器，如图3-1所示，实现精确跟踪控制，并用算子理论证明了该方法的可行性。其中$\widetilde{P}$代表图2-5鲁棒稳定系统[1~3]。

误差信号$\tilde{e}=(1+\widetilde{P}C)^{-1}(r)$，算子$(1+\widetilde{P}C)^{-1}$是$Y$到$Y$的映射。因此，参考信号$r$和误差信号$\tilde{e}$的联系是在线性空间。指数迭代理论条件之一得到满足，进而设计控制器，开环控制系统$\widetilde{P}C$等效$PT$为外加一个积分器，如图3-2所示，并满足以下条件：

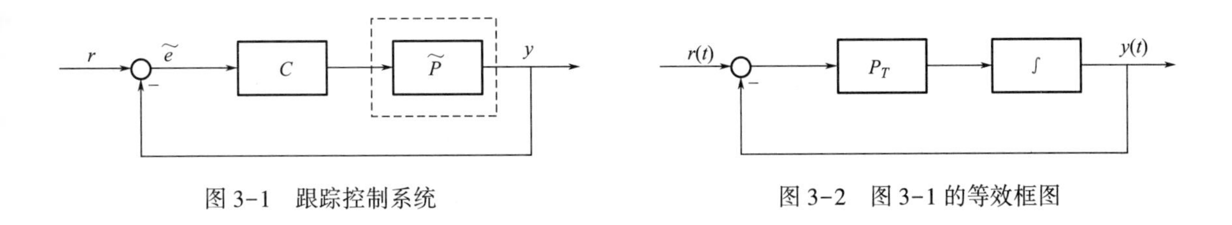


图3-1 跟踪控制系统　　图3-2 图3-1的等效框图

（1）对所有的$t\in[0,T]$，$C$是稳定的，当$r>0$，$T\geqslant t\geqslant t_1\geqslant 0$，有$PT(r)\geqslant K_1\geqslant 0$。

（2）$\widetilde{P}C(0)=0$。

（3）在所有属于空间$Y_s$的$x$，$y$，并且$t\in[0,T]$，$\|\widetilde{P}C(x)-\widetilde{P}C(y),t\|\leqslant h\int_0^t\|x-y,t_1\|dt_1$，$h$是任意常数，从输入$r$到输出$y$，定义一个算子$\widetilde{G}$，反馈方程为$\widetilde{G}=PC\times(I-\widetilde{G})$。指数迭代理论概括为，如定义1所述：

### 3.1.1 定义1

在 $t \in [0, T]$，反馈控制方程 $\widetilde{G} = PC \times (I - \widetilde{G})$ 在所有算子都是自身映射的 Banach 空间中，对于 $\widetilde{G}$ 拥有唯一的解。条件（2）和（3）满足，模型输出有界。

定义 1 指出 $\widetilde{G} - PC \times (I - \widetilde{G}) = 0$，并且有唯一解，那么模型的输出则有界，进而 $(\mathrm{I} + \widetilde{P\mathrm{C}})^{-1}(r)(t)$ 是存在的。

### 3.1.2 定义2

当 $T \geqslant t$ 足够大时，误差信号 $\tilde{e}$，即 $y(t) - r(t)$ 可以任意小。

**证明**：$y(t) = r(t) - \tilde{e}$，$\widetilde{PC} = \int_0^t PTdt_2$，$y(t) = r(t) - (\mathrm{I} + \widetilde{PC})^{-1}(r)(t)$

因为 $I$ 为恒等算子，取 $I(r) = r$，有：

$$
\begin{aligned}
y(t) &= r(t) - \{r(t) + \widetilde{PC}[r(t)]\}^{-1} \\
&= r(t) - \left\{r(t) + \int_0^t PT[r(t)]dt\right\}^{-1}
\end{aligned}
$$

当 $T \geqslant t \geqslant t_1 \geqslant 0$，有 $PT(r) \geqslant K_1 \geqslant 0$。得到：

$$
\int_0^t PT[r(t)]dt_2 \geqslant \int_0^{t1} PT[r(t)]dt + K_1 \int_{t1}^t dt_2
$$

当 $T \geqslant t$，通过取 $T$ 可以使得 $K_1 \int_{t1}^t dt_2$ 任意小。进而，$\left\{r(t) + \int_0^t PT[r(t)]dt\right\}^{-1}$ 任意小。最终 $y(t) - r(t)$ 任意小。

## 3.2 基于鲁棒右互质分解和 PI 控制的机器人鲁棒跟踪控制

### 3.2.1 机器人手臂系统

机器人手臂的控制系统是控制机器人性能的核心部分，其控制技术制约着机器人技术的发展。随着科技的发展，更多工作需要高精度、响应速度快的机器人完成，这也使机器人向快速响应、高精度方向发展，因此机器人手臂的控制是一个非常具有挑战性的问题[4,5]。

对于机器人手臂的控制，很多控制方法被相继提出。PID 控制是一种应用最为广泛的控制方法，但是由于被控系统经常存在不确定性或者无法得到精确的模型，因此无法得到理想的控制性能。为了改进性能并设计鲁棒跟踪控制系统，很多控制方法被相继提出，如最优控制、学习控制、自适控制、滑模控制等[6~24]。然而，最优控制理论需要一个精确的模型，但是对于含有非线性动态的“复杂”机器人系统很难对其进行系统辨识，而且高维状态空间很难求解。对于学习控制方法，由于状态和控制动作空间的组合爆炸，很难实现基于强化学习算法的学习控制理论。自适应控制的缺点是当存在不确定性的条件下，无法保证系统的稳定性。这是因为该算法需要不断检测系统的各项参数，然后自发地调节控制器的参数，这也就意味着此方法需要满足实时控制的要求。滑模控制也经常被称作滑模变结构控制，由于系统本身的不连续控制导致的控制器频繁切换，很容易引起抖振现象，进而造成机械磨损，影响使用寿命，其优点是对于不确定系统有非常好的鲁棒性。神经网络控制算法不仅有很强的容错性能，而且有良好的自适应学习的能力，因此有很快的运算能力，可以很好地处理非线性系统中存在的不确定性的问题；但是也正是由于其自学习能力强，使得当环境发生改变的时候，就需要重新学习。因此，不断研究并改进控制系统的性能，是一个重要的研究方向。因而，探索好的方法不断提高控制系统的性能仍是当前一个重要的研究方向。基于演算子理论的鲁棒右互质分解方法是一种新型的控制方法，可以很好地处理非线性系统的鲁棒控制这一问题。特别是对于含有模型不确定性或者容易受到外界扰动影响的非线性系统的控制系统分析和设计是一种很有前途的方法。

机器人手臂是可以模拟人臂运动功能的机械机构，通常由多个关节组成，一般采用电机驱动各关节。通常情况下，可以将机器人手臂看成由开链式的刚性多连杆机构构成的系统，各个关节也看作是理想的几何约束关节[25,26]。连杆运动是通过各个关节间的运动进行带动的，使得机器人手臂的末端快速精确地运动到指定的位置。机器人手臂的始端关节通常固定在基座上，末端通常为执行器，根据控制的需要安装各种执行器用来实现各种操作功能。对于机器人手臂系统自身而言，其模型描述包括动力学模型和运动学模型。运动学研究机器人手臂相关的运动性能，主要研究的内容是个刚性连杆位置坐标、姿态坐标系的建立和不同坐标间的变换关系。而动力学则研究机器人手臂的角度、角速度、角加速度等运动变量与力、力矩的关系。机器人手臂的动态性能不仅与运动学因素有关，还和机器人手臂的分布质量、形式结构、执行机构的位置等因素有关。

目前，对于机器人手臂动力学建模，提出了很多的方法[26]。其中建立动力学模型的最根本目标是：有效消除各个关节之间的耦合作用、建立系统运动参数和关节驱动力之间的简洁明了的函数关系式。具体的控制算法包括高斯原理法、牛顿欧拉方程法以及凯恩斯方程法。高斯原理法运用最小约束原理，用求极值的优化算法求解机器人手臂的运动参数。牛顿欧拉法是建立在牛顿第二定律的基础上，对于机器人手臂的平动和转动可以分别用牛顿方程和欧拉方程来建立。凯恩方程法无需求解繁琐的关节的约束力，就可以有效地求解出来连杆的速度、加速度及关节驱动力，求出关节驱动力仅仅需要进行一次性的推导，因此提高了计算的速度，其完整的结构很适用于对闭链机器人的进行动力学的建模。本文所采用拉格朗日方程的方法，以整体的机械系统作为控制对象，着眼于对整个系统的能量概念，利用动、势能变化关系来建立动力学模型，无需去求解运动学中的物理量，因此更适合比较复杂的机器人系统的模型建立。

动力学的研究通常涉及两个最基本却截然相反的问题，一个问题是已知机器人手臂的运动轨迹，求各关节的驱动力矩，即动力学逆问题；另一个问题是已知机器人手臂各关节的驱动力矩或者驱动力，求机器人手臂运动参数和轨迹，称之为动力学正问题。

两连杆刚性机器人手臂的结构如图 3-3 所示，动力学模型通常是用非线性二阶微分方程来表示[26~30]：

$$I(\theta)\ddot{\theta} + H(\dot{\theta},\ \theta) = \tau \tag{3-1}$$

这里的 $I$ 和 $H$ 分别表示惯性转矩 (2 × 2) 以及科里奥利离心力矢量，且：

$$I = \begin{Bmatrix} Z_1 + 2Z_2\cos\theta_2 & Z_3 + Z_2\cos\theta_2 \\ Z_3 + Z_2\cos\theta_2 & Z_3 \end{Bmatrix} \tag{3-2}$$

$$H = \begin{Bmatrix} -Z_2\sin\theta_2(\dot{\theta}_2^{\ 2} + 2\dot{\theta}_1\dot{\theta}_2) \\ Z_2\dot{\theta}_1^{\ 2}\sin\theta_2 \end{Bmatrix} \tag{3-3}$$

式中：

$$\begin{aligned} Z_1 &= m_1 l_{g1}^2 + m_2(l_1^2 + l_{g1}^2) + l_1 + l_2 \\ Z_2 &= m_2 l_1 l_{g2} \\ Z_3 &= m_2 l_{g2}^2 + l_2 \end{aligned} \tag{3-4}$$

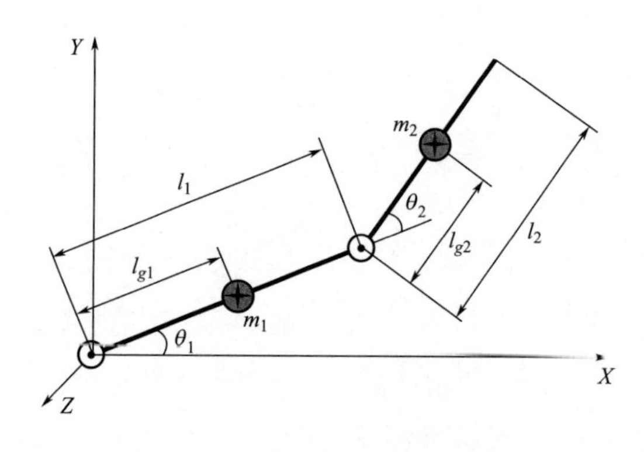


图 3-3　两连杆机器人手臂的结构图

式中：$m_i$ 表示杠杆 $i$ 的质量；$l_{gi}$ 表示关节 $i$ 和连杆 $i$ 的质点之间的距离；$I_i$ 代表连杆 $i$ 的转动惯量；$l_i$ 表示连杆 $i$ 的长度；$Z_1$、$Z_2$ 和 $Z_3$ 分别表示机器人手臂的物理特征结构参数。

由上可知，方程式（3-1）是复杂且时变的非线性系统，这里角位置、角速度、角加速度分别用 $\theta$、$\dot{\theta}$、$\ddot{\theta}$ 表示，$\theta_i(t)$ 是个连杆 $i$ 的连接角，$\theta=(\theta_1,\ \theta_2)^T$。$\tau_i(t)$ 是连杆 $i$ 的控制转矩输入，对于本节运用的模型，一共有两个驱动力矩 $\tau_1$ 和 $\tau_2$，第一关节驱动力矩 $\tau_1$ 作用在底座和连杆1之间，第二关节驱动力矩 $\tau_2$ 作用在底座和连杆2之间，$\tau=(\tau_1,\ \tau_2)$。

### 3.2.2　基于右互质分解的机器人手臂的鲁棒控制

在本节中，以含有不确定性的两输入、两输出的刚性机器人手臂为具体的研究对象，基于右互质分解的机器人手臂反馈控制系统框图如图3-4所示，实际模型是 $\widetilde{P}=(\widetilde{P}_1,\ \widetilde{P}_2)$，它包括两个部分，标称模型 $P_1=(P_1,\ P_2)$ 以及不确定模型 $\Delta P_1=(\Delta P_1,\ \Delta P_2)$，也就是说 $\widetilde{P}=P+\Delta P$。名义模型P和整体模型 $\widetilde{P}$ 假设都有右分解，满足 $P_i=N_iD_i^{-1}(i=1,\ 2)$ 和 $\widetilde{P}_i=P_i+\Delta P_i=(N_i+\Delta N_i)D_i^{-1}(i=1,\ 2)$，式中，$N_i$ 和 $D_i(i=1,\ 2)$ 都是稳定的算子，$D_i$ 是可逆的，$\Delta N_i$ 是未知的，但是其上下界是已知的。

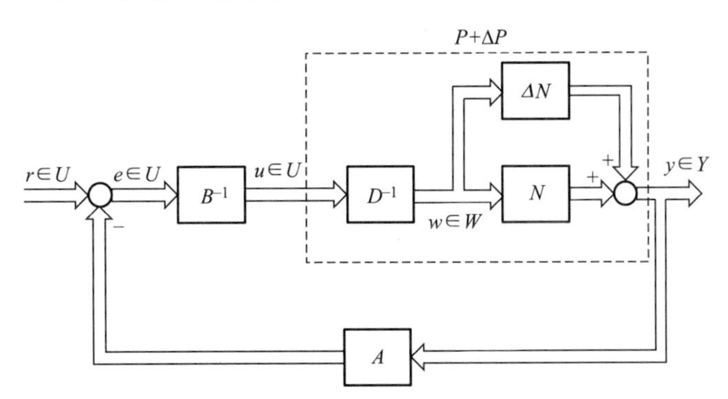


图3-4　基于右互质分解的机器人手臂反馈控制系统

对于式（3-1）表示的两连杆机器人手臂的动力学模型，该非线性系统可以右互质分解，分解出来的算子分别为 $N_i$ 和 $D_i$，$N_i(\omega_i)(t)=\omega_i(t)$，$i=1,\ 2$，$D_i$ 的形式为

$$D_i(\omega_i)(t)=I_i[\omega(t)]\ddot{\omega}_i(t)+H_i[\dot{\omega}(t),\ \omega(t)],\ i=1,\ 2 \tag{3-5}$$

由于本书研究的是含有扰动和模型不确定性的非线性系统的鲁棒控制问题，因此给定一个对 $N$ 的扰动信号，即 $\Delta N$。这里的算子 $N_i$ 和 $D_i$ 是稳定的，且 $D_i$ 是可逆的。

右分解中的 $N_i$ 和 $D_i$ 的设计都是基于名义模型。然而，在实际情况下，除了结构参数 $Z_i$，$Z_2$ 和 $Z_3$ 引起的模型误差，外部扰动也是不可避免的。这里的控制系统设计、模型误差和扰动对于系统性能的影响被认为是机器人的动态不确定性。针对机器人的不确定性，这里研究如何基于演算子理论的鲁棒右互质分解方法设计机器人手臂的鲁棒非线性控制器，如何实现良好的跟踪性能。

根据右互质分解条件和鲁棒稳定条件，稳定的算子控制器可以得到：

$$B_i(\tau_i)(t)=\beta_i\tau_i,\ i=1,\ 2 \tag{3-6}$$

$$A_i(\theta_i)(t)=\theta_i(t)-\beta_i\{I_i[\theta(t)]\}\ddot{\theta}_i(t)+H_i[\dot{\theta}(t),\ \theta(t)],\ i=1,\ 2 \tag{3-7}$$

式中：$\beta_i$ 是设计的参数。

### 3.2.3 基于PI的跟踪控制器设计

为了不断地提高机器人手臂的工作性能，以满足日益高标准的生产和生活的要求，必须不断提高机器人手臂的控制系统性能，其最终目的是使其末端按照参考的轨迹快速精准的运动，这也是机器人手臂控制最为重要的任务。对机器人手臂的轨迹进行跟踪控制是指通过控制算法计算出来需要的各关节驱动力，使得机器人手臂的运动变量按照理想的信号运行。当其期望轨迹是连续变化的曲线时，则称之为轨迹跟踪控制。

根据上面章节可知，首先运用鲁棒右互质分解方法对非线性系统进行分解，然后根据分解结果设计稳定算子，可以保证系统的稳定性。然而跟踪问题也是我们必须考虑的问题，对于已经稳定的非线性系统，为实现跟踪功能，设计非线性反馈跟踪系统的控制框图如图 3-5 所示，其中虚线内为鲁棒稳定的系统，$r=(\theta_{id},\ \theta_{2d})$ 是参考的输入信号，$y=(y_1,\ y_2)$ 输出信号，$u^*=(u_1{}^*,\ u_2{}^*)$ 是对于已稳定的系统的控制输入，$\tilde{e}=(\tilde{e}_1,\ \tilde{e}_2)$ 是误差信号。为了使输出 $y=(y_1,\ y_2)$ 可以跟踪参考输入 $r=(\theta_{id},\ \theta_{2d})$，设计了跟踪控制器 $C$，即 $PI$ 跟踪控制器，$PI$ 是比例积分控制，形式如下：

$$C_i=K_{ai}\tilde{e}_t(t)+K_{\beta i}\int_0^t\tilde{e}_t(\tau)d\tau \tag{3-8}$$

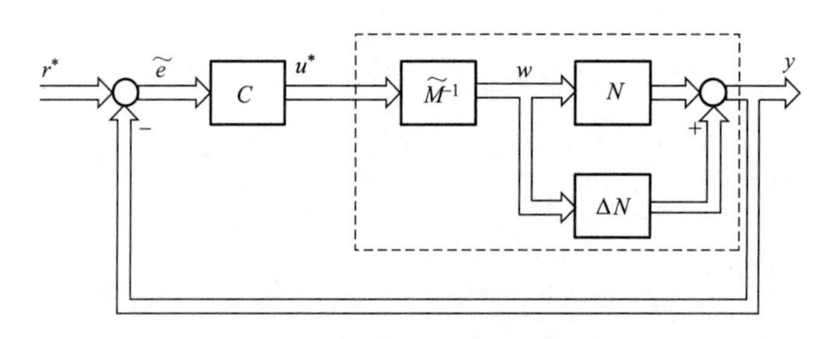


图 3-5 非线性反馈跟踪系统

式中：

$$K_{\alpha i}=\begin{Bmatrix} k_{\alpha 1} & 0 \\ 0 & k_{\alpha 2} \end{Bmatrix} \tag{3-9}$$

$$K_{\beta i}=\begin{Bmatrix} k_{\beta 1} & 0 \\ 0 & k_{\beta 2} \end{Bmatrix} \tag{3-10}$$

$K_{\alpha i}$ 和 $K_{\beta i}$ 中，$i=\{1, 2, 3, \cdots\}$ 是设计的参数；$K_{\beta i}$ 是积分系数；$K_{\alpha i}$ 是比例系数。

这里的误差信号为 $\tilde{e}_i(t)=(I+PC)\,r_i^*$，$I$ 是单位算子。很明显，$\tilde{e}$ 和 $y$ 的空间是一样的，也就是说，指数迭代定律的条件也成立。要保证稳定系统须满足下面的条件：

$\forall t \in (0, T]$，$C$ 是稳定的，并且当 $T \geqslant t \geqslant t_1 \geqslant 0$，$r>0$ 时，$P_T \geqslant K_1 > 0$；$\widetilde{PC}(0)=0$；

对于任意的 $x$，$y \in V_s$ 和 $t \in (0, T]$，$\| \widetilde{PC}(x)-\widetilde{PC}(y), t \| \leqslant h\int_0^t \| x-y, t_1 \| dt_1$，$h$ 是 $P_T$ 的增益，可以为任意的常数。

### 3.2.4　仿真与结果分析

为了验证上述方法的有效性，本章的仿真对象以两连杆的机器人手臂为模型。其物理和结构参数分别为：

$$l_1=0.29(m),\ l_2=0.34(m) \tag{3-11}$$

$$Z_1=0.4507,\ Z_2=0.1575,\ Z_3=0.1530 \tag{3-12}$$

即得到机器人手臂的名义模型。然而在实际控制中，很难获得 $l_i$、$l_{gi}$ 和 $m_i$ 真实值，即结构参数 $Z_i$ 是未知的，无法得到完全精确的模型。因此，在仿真中，机器人手臂的不确定参数当作 $Z_i=Z_i^* \pm \Delta Z_i^*$，$\Delta=0.5$，这里的 $Z_i^*$ 被假设成真实值。此外，外部扰动为 $\tau_d=0.5+0.05\times\sin(100\pi t)$。扰动和不确定的结构参数被归纳成 $\Delta N$。仿真结果如图 3-6 所示。

仿真中，连杆 $l_1$ 和 $l_2$ 角度的初始条件是：

$$\theta(0)=[\theta_1(0), \theta_2(0)]^T=(60^0, 30^0)^T \tag{3-13}$$

连杆 $l_1$ 和 $l_2$ 角速度的初始条件是：

$$\theta(0)=[\theta_1(0), \theta_2(0)]^T=(0, 0)^T \tag{3-14}$$

模型右分解设计的参数为：

$$\beta=[1.2, 1.2] \tag{3-15}$$

跟踪控制器设计的参数分别为：

$$k_{\alpha 1}=k_{\alpha 2}=30 \tag{3-16}$$

$$k_{\beta 1}=k_{\beta 2}=0.02 \tag{3-17}$$

参考输入的角位置为：

$$\theta_d = (\theta_{d1}, \theta_{d2}) = (\cos t, \sin t) \tag{3-18}$$

参考输入的角速度为：

$$\dot{\theta}_d = (\dot{\theta}_{d1}, \dot{\theta}_{d2}) = (\sin t, \cos t) \tag{3-19}$$

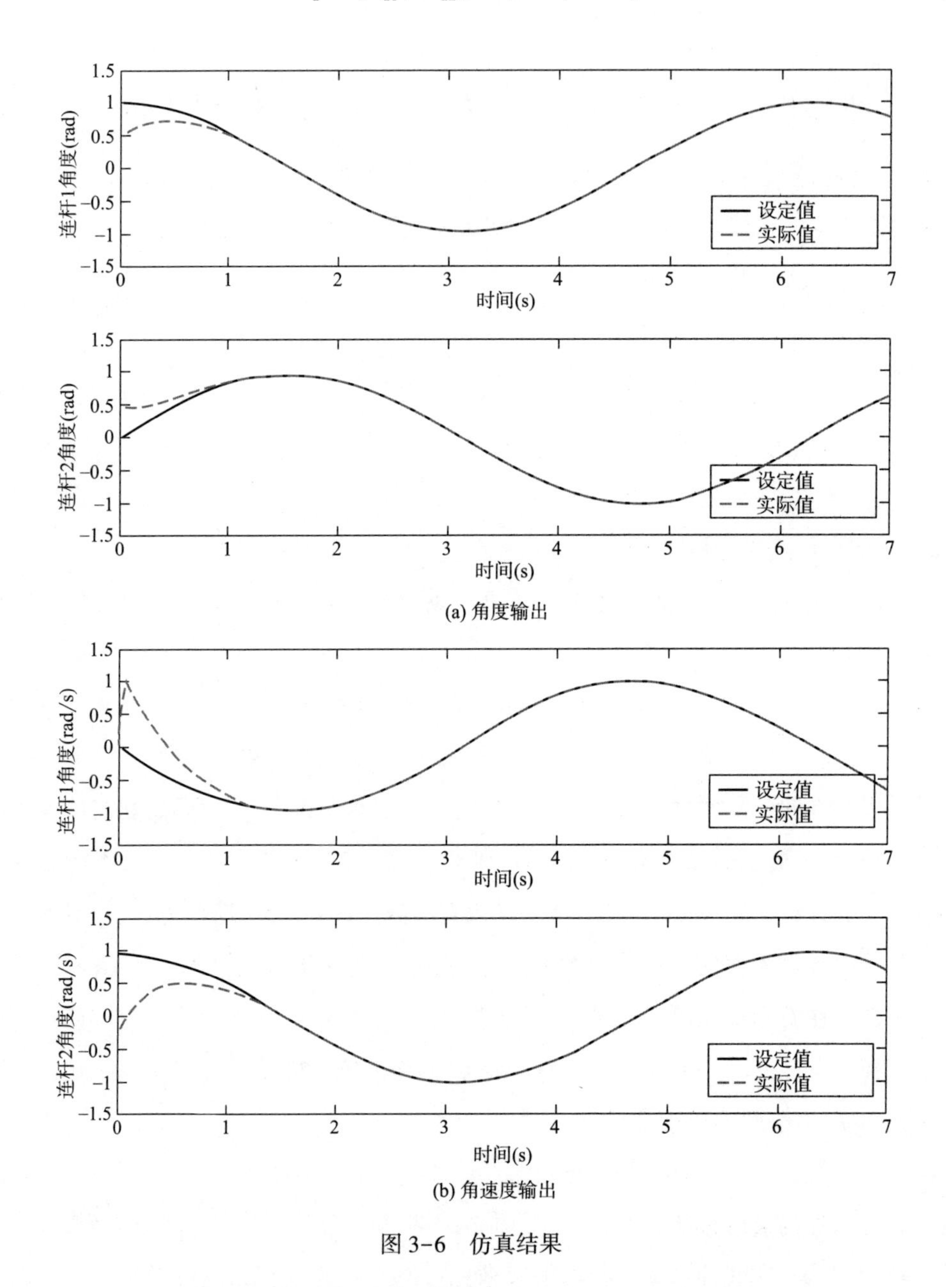


图 3-6　仿真结果

图 3-6（a）和（b）显示了运用 PI 控制设计的控制器的仿真结果，连杆 $l_1$ 和 $l_2$ 各自的角度和角速度的输出结果。我们可以发现，系统具有较好的鲁棒稳定性，说明系统的右互质分解是有效的，控制器 A 和 B 的设计能达到了要求。此外，我们还可以发现，经过 0.8s，角度才可以跟踪上期望信号；对于角速度，响应时间需要 1.1 秒。由于机器人手臂需要高精度的

控制和快速响应的能力，才可以满足不同的任务需求，达到理想的跟踪性能。

## 3.3 基于鲁棒右互质分解和PI控制的IPMC鲁棒跟踪控制

智能材料（Smart Material）是指能够对外部刺激进行自感知、自适应、自修复的新型功能材料，具有类似生物质能的特性。随着科技时代的发展，智能材料俨然成为新型高科技材料发展的中坚力量。目前广泛研究的智能材料有压电陶瓷，形状记忆合金，高分子聚合材料以及磁致伸缩材料。其中离子聚合物金属材料（IMPC：Ionic-exchange Polymer Metal Composite）是一种离子型电致动聚合物，由于其可以任意切割形状和规模，轻质，柔韧性好，可以自由运动操作，性能与生物肌肉类似，已经被人们给予人工肌肉的美名[31,32]。IPMC的应用与发展给人们带来了希望，用人工肌肉材料作为执行器，可以减轻重量，避免繁琐的复杂结构，不再需要传统机械中用到的轴承、齿轮等，在传感器、医用高分子材料、仿生机器人应用等方面得到广泛发展[33,34]。目前，对IPMC研究的热点集中在对其末端位移偏移量或者弯曲角度上的控制。

对IPMC人工肌肉偏移位置控制的研究大致分为两大类，一类是将非线性模型近似成为线性的物理模型去控制，另一类是直接从非线性本质特征出发去研究控制非线性物理模型。黑箱法及灰箱法大多应用于线性模型的研究，而白箱法通常用来研究非线性模型。对于近似得到的线性模型而言，对其进行精确位置控制，常用的方法有PID（Proportional Integral and Derivative），LQR（Linear Quadratic Regulator），模糊控制等，但是IMPC在动态运行过程中往往表现出一些非线性行为，是一种高度复杂非线性对象，因此，从非线性本质特征去考虑，如何获得其非线性数学模型及其控制策略，使得能够对其位置进行精确控制显得至关重要。

众所周知，在实际存在的客观现实世界里，绝对的线性对象是不存在的，它们都以非线性形式客观存在。因此，研究非线性系统的本质特征才是最切实的。非线性一般表现在两个方面：一是系统的固有属性，二是实际系统的不完善性。它们之间的本质区别就在于线性系统不再满足线性叠加定理，这使得分析非线性系统要比线性系统困难得多。非线性系统不仅包括线性系统存在的衰减振荡、发散振荡、临界振荡等，还包括振荡环，甚至引起混沌现象。从数学的角度出发，非线性系统往往求解起来比较困难或难以获得满意的解析，从而失去真实意义[7]。与普通的控制系统研究一样，非线性系统的研究也围绕两个问题：系统的分析问题和综合问题，这就涉及对控制系统性精度的要求以及控制器的设计问题。我们一般研究的控制系统为名义模型，没有考虑控制过程中存在的不确定因素。而实际系统难免存在着不确定因素，如工作状况的变动、元件老化、建模过程中产生的误差以及外部扰动等，实际真实理想的精确模型难以得到，而系统的各种故障也会致使模型的不确定性。因此，模型的不确定性广泛存在于实际的控制系统中。尽管发展成熟的基于能控和能观思想的现代控制理论，以其反馈镇定的理论为后续的理论研究发展奠定了基础，但是却严重依赖控制系统的被控对象的精确数学模型。但是实际系统处在不断运行变化过程中，这种变化不可能精确得知，况且实际系统的建模往往要做一些近似处理，这就使真实系统与得到的数学模型之间存在一定的误差，如降阶处理、参数的定常处理等。正是由于这些差别的存在，使得现代控制理论在处理某些实际工程方面显得捉襟见肘。那么怎么设计一个固定的控制器，使得带有不确定性因素的对象在受到某些参数扰动影响下，依旧能够维持一定性能的特性，也就是通常所说的鲁棒控制。

一般被控对象的不确定性大概分为两大类：一是结构不确定性，二是非结构不确定性。结构不确性包括参数不确定性以及未建模动态两部分；非结构不确定性包括外部扰动、时滞、磁滞、噪声等引起的不确定性。其中时滞是过程普遍存在的固有属性[8]，因为任何系统的物质能量传输都是一个过程，都需要时间，当系统参数做出变动时，被控量需要一点时间才会开始改变。磁滞现象就是指由于磁性体的磁化存在着不可逆性，当磁铁被磁化到饱和状态后，如果将磁场强度由最大值逐步减小，其磁感应强度不是按照原来的轨迹返回，而是沿着比原来的轨迹稍高的一段路线而减小。

对于含有不确定性系统而言，研究的方法通常无外乎两种，一种就是主动适应参数变化带来的影响，如自适应控制；另一种就是被动控制，即鲁棒控制。对于带有不确定性因素的非线性鲁棒控制问题，从 20 世纪 50 年代初就一直是控制界关注和研究的热点。在鲁棒控制发展的初期，研究的不确定性主要针对单变量系统（SISO）的微小扰动[35]，具有代表性的则是 Zames 提出的微分灵敏度分析。但是实际系统中外部因素引起的参数变化并不是无限小扰动而是有界扰动。因此诞生了现代鲁棒控制，它的研究领域是在有界参数扰动下的鲁棒稳定。现代鲁棒控制根据算法的精确性去设计控制器，其设计的目标是能够找到在实际情况下保证安全性能的最小满足要求。

基于微分几何学的非线性系统控制理论的诞生，促进了非线性鲁棒控制理论的研究。其中非线性鲁棒控制中的基本问题就是镇定问题。在 20 世纪 80 ~ 90 年代，Lyapunov 函数渐渐进入到非线性控制领域中，在设计鲁棒镇定系统的时候，假设存在于实际系统中不确定性是未知的，但属于某一个可描述的集合，即不确定性因素可以描述为有界的未知参数、增益有界的未知摄动函数或未知动态过程。然后根据有界性和被控对象的标称模型来构造一个 Lyapunov 函数用以确保整个系统中不确定性集合中的每一元素都是稳定的。在发展 Lyapunov 方法的同时，学者们一直也在探寻其他的非线性鲁棒控制方法。20 世纪 90 年代非线性控制理论研究热点则是 $H\infty$ 控制，它是指通过一定性能指标的无穷范数优化而获取带有鲁棒性能的控制器。而非线性系统的鲁棒 $H\infty$ 控制问题于1989年由Ball和Helton引入提出。

近年来随着智能控制方法的不断研究与发展，非线性鲁棒控制智能方法有鲁棒自适应控制，鲁棒右互质分解，滑模变结构控制等。鲁棒控制领域目前所研究的主要问题就是分析研究系统在不确定性因素下或者外加扰动下的控制系统性能的变化，包括动态性能和稳定性能分析以及如何去应对这些变化带来的影响等，去考虑分析设计应该如何设计控制器，使得系统具有更强的鲁棒性能及抗干扰能力。而IPMC人工肌肉是一种非线性程度比较高的对象，而且控制性能容易受参数变化及各种扰动的影响。因此，在对IPMC人工肌肉位置控制设计时必须考虑到各种不确定性以及外部扰动并采取合适的策略对其精确的偏移位置进行控制。对含有不确定性因素的IPMC人工肌肉智能材料进行研究，如何采用合适的控制算法使得在不确定下能够精确位置控制具有很好的现实意义。

### 3.3.1 IPMC人工肌肉位置控制模型

人工肌肉大致分为电致动人工肌肉EAP（Electroactive Polymer）和气动人工肌肉（Pneumatic Artificial Muscles），EAP按照致动原理分为离子传导人工肌肉和电子传导人工肌肉[32]。电子型电致动聚合物是在电场的作用下依靠内部电子的迁移来驱动，但是激励所需要的电场比较大。它主要包括压电效应材料，液晶弹晶体以及电致动伸缩材料。而离子型电致动聚合物是由内部离子扩散造成渗透压形成的形状变化，它主要包括离子聚合物胶体、导电聚合物以及离子金属交换材料IPMC。IPMC（图3-7）人工肌肉材料内部具有固定带电网链，阳离子可以通过网链进行扩散和迁移。它的驱动电压比较低，一般1～3V就可以驱动。

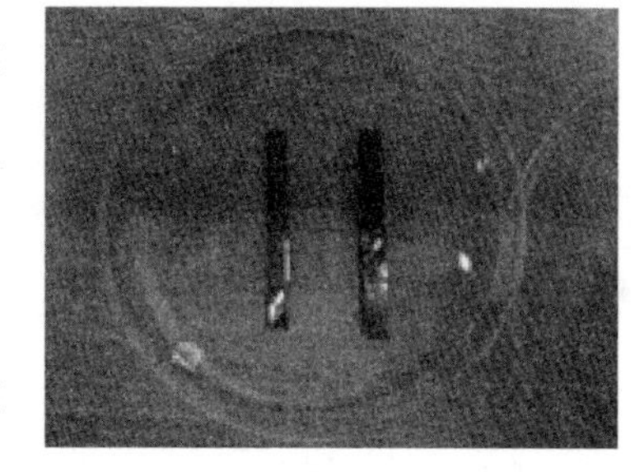

图3-7 IPMC人工肌肉

IPMC作为一种新型智能材料，与其他智能材料相比，它具有体积小、质量轻、无污染、寿命长、响应速度快、驱动电压低、能够产生较大的位移、形变以及微型化发展等优点。表3-1[36] 列出了IPMC、压电陶瓷以及形状记忆合金的一些性能比较，不同材料具有不同性能，可以看出IPMC的形变量要大得多。

**表3-1 三种智能材料的属性对比**

| 特性 | 离子交换聚合金属材料（IPMC） | 压电陶瓷（EAC） | 形状记忆合金（SMA） |
|---|---|---|---|
| 致动位移 | >10% | 0.1%～0.3% | <8% |
| 力（mN） | 10～30 | 30～40 | 约700 |

续表

| 特性 | 离子交换聚合金属材料（IPMC） | 压电陶瓷（EAC） | 形状记忆合金（SMA） |
|---|---|---|---|
| 执行速度 | 微秒至秒 | 微秒至秒 | 秒至分 |
| 密度（$g/cm^3$） | 1.25 | 6~8 | 5~6 |
| 致动电压（V） | 4~7 | 50~800 | 加热 |
| 柔韧度 | 有弹性、易恢复 | 弹性差、易碎 | 有弹性 |

为了研究 IPMC 的电致动特性，需要对其内部的驱动原理进行系统建模[3]。目前，研究 IPMC 人工肌肉有三种不同的模型方法，即黑箱法，灰箱法，白箱法。其中黑箱模型是内部规律完全不清楚，只用实验辨识方法，根据经验采用相关数学方法去等效得到其内部规律。灰箱则是只清楚部分内部规律，结合实验数据，采用实验辨识得到内部规律不完整的系统模型。而对于内部机理和属性清楚的系统，即所谓的白箱，利用材料力学、电学以及物理学等。根据已知得到的某些规律，经过分析推导出系统的模型，大多数工程系统均为此类模型。白箱模型的优点则在于其内部的物理规律非常清晰，缺点在于演算相当繁琐，传递函数很难得到，系统模型的求解一般数值解。灰箱模型掌握部分内部规律，比较容易得到模型解析解，传递函数易求解。但是不能完全表征事物的内在本质规律。黑箱法有利于系统模型的建立，容易求得传递函数和模型解析解，但脱离了事物的内在本质规律，一般通过近似和简化为灰箱来处理。IPMC 人工肌肉动态运行过程中表现出是高度复杂非线性，其驱动模型机极其复杂。驱动过程涉及电场、力场、化学场、流场等耦合作用的结果。目前，国际上的学者对 IPMC 的研究涉及以上三种模型。

（1）黑箱模型：根据 IPMC 人工肌肉材料的位移响应性能，Kanno[32] 等人于 1994 年提出一种简单的输出位移和输入电压之间的传递函数，通过选取电压幅值作用到对象，测量得到不同的激励响应，并将检测到的末端位移偏移量通过采用最小二乘法拟合得到一个时间指数函数表达式，最终得到其电压激励下的传递函数表达式。这种模型只依据系统输入与输出关系构造模型，不考虑内部结构的变化过程，模型结构相对简单，对实验数据依赖性较强，因此模型通用性较差。

（2）灰箱模型：通过对黑箱模型的改进，Kanno 于 1996 年[3] 提出了一种二维的线性灰箱模型，将 IPMC 人工肌肉材料的内部电场激励部分等效为一种电路模型，通过相关电学及物理方法计算得到其电压激励下的内部电流值，假设内力张量与电流呈线性关系，根据得到的张力通过力场分析从而确定材料的最终形变。该模型依然是通过实验测量而不是通过真正物理模型得到内部变化规律，但是电路模型推导与应力分析是基于物理规律，因而是一种灰箱模型。

（3）白箱模型：2000 年，Tadokoro 等人认为在外电场激励下，其内部的水合阳离子从阳极运动到阴极，导致阳极区收缩，阴极区膨胀，从而引起 IPMC 薄膜弯曲变形[32]。形变程度取决于膜内体积的变化、膜内水合阳离子的转移，阳离子和水分子的扩散以及粘性阻力等综合因素。依据内部运动关系，根据动量守恒定律推导出 IPMC 材料内阳离子的运动和力平衡方程，最后求出电场强度与末端位移形变之间的关系。

根据三种不同的机理模型，对 IPMC 人工肌肉进行了控制。Liwei Shi 等[38] 学者根据 IPMC 的内部运行机理，推导出等效的电路线性模型，采用经典 PID 对其控制，实现了水下 IPMC 人工肌肉执行器的运动控制。王瑷珲等[3,36,37] 学者采用基于演算子理论的鲁棒右边互质分解方法对 IPMC 的位置进行控制，通过对对象进行分解并设计控制器，实现了鲁棒稳定及跟踪控制。孔维健[39] 采用逆补偿控制实现了对线性 IPMC 模型的位置跟踪。国内的研究大部分还处在对 IPMC 的性能研究上，对闭环控制的 IPMC 位置控制应用还不是很多。

IPMC 的动态模型可以分为线性模型和非线性模型。线性模型不具有或部分具有系统的先验知识，而非线性模型则具有完备的系统知识，一种 IPMC 的非线性动态模型可以描述为[41]：

$$\begin{cases} \dot{v} = -\dfrac{v + Y(v)(R_a + R_c) - u}{[C_1(v) + C_a(v)](R_a + R_c)} \\ y = \dfrac{3\alpha 0 K_e[\sqrt{2\Gamma(v)} - v]}{Y_e h^2} \end{cases} \tag{3-20}$$

式中：$v$ 是状态变量；$u$ 是控制输入电压；$y$ 是控制输出曲率；$R_c$ 是电极电阻；$R_a$ 是限流电阻；$Ye$ 是等效模量；$Ke$ 是介电常数；$h$ 是 IPMC 人工肌肉的厚度；$\Delta$ 是有界未知的不确定量；函数 $\Gamma(v)$、$C1(v)$ 与 $Ca(v)$ 是状态变量和一些参数的函数表达式。其中 $\Gamma(v)$ 表达式可以表述为：

$$\Gamma(v) = \frac{b}{a^2}\left[\frac{ave^{-av}}{1 - e^{-av}} - In\left(\frac{ave^{-av}}{1 - e^{-av}}\right) - 1\right] \tag{3-21}$$

$a$、$b$ 的值由以下公式得到：

$$\begin{cases} a = \dfrac{F(1 - C^- \Delta V)}{RT} \\ b = \dfrac{F^2 C^{-1}(1 - C^- \Delta V)}{RTK_e} \end{cases} \tag{3-22}$$

式中：$R$ 是气体常数；$F$ 是法拉第常数；$C^{-1}$ 是负离子浓度；$T$ 是绝对温度。$L$、$W$、$h$ 分别代表 IPMC 的长度、宽度和厚度。$S = WL$，代表 IPMC 的截面积。函数 $C_1(v)$ 与 $C_a(v)$ 的表达式分别为：

$$\begin{cases} C_1(v)=\dfrac{SK_e}{\sqrt{2\Gamma(v)}}\times\dot{\Gamma}(v) \\ C_a(v)=\dfrac{q_1SF}{RT}\dfrac{K_1C^{H^+}e^{-\frac{vF}{RT}}}{(K_1C^{H^+}+e^{-\frac{vF}{RT}})^2} \end{cases} \tag{3-23}$$

式中：$K_1=\dfrac{k^1}{k^{-1}}$；$k_1$ 与 $k_2$ 是电化学表面过程中的化学速率常数；$q_1$ 是常数，$C^{H^+}$ 是氢离子 $H^+$ 的浓度。

$$Y(v)=Y_1v+Y_2v^2+Y_3v^3 \tag{3-24}$$

式中：$Y_1$、$Y_2$ 与 $Y_3$ 是多项式的系数。

### 3.3.2 含有不确定性的非线性控制模型

上述的动态模型具有详细的物理机理知识，是一个精确的数学模型。但在实际应用中，很难精确识别一些物理参数，再者模型中的一些参数对实际系统应用中的影响甚小。因此，有必要对模型进行一些处理，得到一个含有不确定性的非线性动态模型。一般意义下，式（3-22）中的 $\Delta V$ 是足够小的一个量，$C^-$ 是一个有界常量，因此 $|C^-\Delta V|\to 0$，式（3-22）中的参数 $a$、$b$ 的值可以近似得到：$a\approx\dfrac{F}{RT}$，$b\approx\dfrac{F^2C^{-1}}{RTKe}$。因为 IPMC 可以工作在干燥或者潮湿的环境中，本书研究工作是在干燥的环境下进行研究的，因此 $C^{H^+}\to 0$，所以 $Ca(v)\approx 0$。在式（3-24）中，$Y_1$、$Y_2$ 与 $Y_3$ 足够小，$|Y(v)|\ll|v|$，$R_a$ 与 $R_c$ 是有界的常量。因此在式（3-20）中，$Y(v)$ 可以忽略，将其等效为模型误差。通过实验测量得到的参数 $T$、$L$、$W$、$h$、$R_a$、$R_c$ 等也会产生测量误差，因此非线性模型建立为：

$$\begin{cases} \dot{v}=-\dfrac{v-u}{C_1(v)(R_a+R_c)} \\ y=\dfrac{3\alpha 0K_e[\sqrt{2\Gamma(v)}-v]}{Y_eh^2}+\Delta \end{cases} \tag{3-25}$$

式中：$\Delta$ 为不确定性，包括参数测量误差以及模型误差。将式（3-21）~式（3-24）代入式（3-25）中可得到如下非线性模型：

$$\begin{cases} \dot{v}=-\dfrac{(v-u)\sqrt{2b\left[\dfrac{ave^{-av}}{1-e^{-av}}-In(\dfrac{ave^{-av}}{1-e^{-av}})-1\right]}}{SK_eb(R_a+R_c)(1-\dfrac{1-e^{-x}}{ave^{-av}})\dfrac{e^{-x}(1-av-e^{-av})}{(1-e^{-av})^2}} \\ y=\dfrac{3\alpha 0K_e\sqrt{2b\left[\dfrac{ave^{-av}}{1-e^{-av}}-In(\dfrac{ave^{-av}}{1-e^{-av}})-1\right]}}{aY_eh^2}+\Delta \end{cases} \tag{3-26}$$

定义一个新的变量 $x = av$，上述非线性模型可表述为：

$$
\begin{cases}
\dot{x} = -\dfrac{(x - au)\sqrt{2b\left[\dfrac{xe^{-x}}{1 - e^{-x}} - In(\dfrac{xe^{-x}}{1 - e^{-x}}) - 1\right]}}{SK_e b(R_a + R_c)(1 - \dfrac{1 - e^{-x}}{xe^{-x}})\dfrac{e^{-x}(1 - x - e^{-av})}{(1 - e^{-x})^2}} \\
y = \dfrac{3\alpha 0K_e\sqrt{2b\left[\dfrac{xe^{-x}}{1 - e^{-x}} - In(\dfrac{xe^{-x}}{1 - e^{-x}}) - 1\right]}}{aY_e h^2} + \Delta
\end{cases}
\tag{3-27}
$$

### 3.3.3　鲁棒非线性 PI 跟踪控制器设计

根据鲁棒稳定和跟踪条件，对象右互质分解和控制器设计为：

$$
\begin{cases}
D(\omega)(t) = \dfrac{SK_e b(R_a + R_c)\dot{\omega}(t)\left\{1 - \dfrac{1 - e^{-\omega(t)}}{\omega(t)e^{-\omega(t)}}\dfrac{e^{-\omega(t)}[1 - e^{-\omega(t)} - \omega(t)]}{[1 - e^{-\omega(t)}]^2}\right\}}{a\sqrt{2b\left\{\dfrac{\omega(t)e^{-\omega(t)}}{1 - e^{-\omega(t)}} - ln\left[\dfrac{\omega(t)e^{-\omega(t)}}{1 - e^{-\omega(t)}}\right] - 1\right\}}} + \dfrac{\omega(t)}{a} \\
N(\omega)(t) = \dfrac{3\alpha_0 K_e\sqrt{2b\left\{\dfrac{\omega(t)e^{-\omega(t)}}{1 - e^{-\omega(t)}} - ln\left[\dfrac{\omega(t)e^{-\omega(t)}}{1 - e^{-\omega(t)}}\right] - 1\right\}}}{aY_e H^2} \\
\Delta N(\omega)(t) = \Delta\dfrac{3\alpha_0 K_e\sqrt{2b\left\{\dfrac{\omega(t)e^{-\omega(t)}}{1 - e^{-\omega(t)}} - ln\left[\dfrac{\omega(t)e^{-\omega(t)}}{1 - e^{-\omega(t)}}\right] - 1\right\}}}{aY_e H^2}
\end{cases}
\tag{3-28}
$$

为了保证人工肌肉（IPMC）安全和更长时间的工作，以及过程输入 $u(t)$ 受下面它的大小的约束。

$$
\sigma(v) = \begin{cases}
u_{\max} & v > u_{\max} \\
v & u_{\min} \leqslant v \leqslant u_{\max} \\
v_{\min} & v < v_{\min}
\end{cases}
\tag{3-29}
$$

$u_{\max} = 3V$，$u_{\min} =- 3V$ 分别是保证 IPMC 安全的最大工作电压和最小工作电压。我们可以设计算子 $A$ 和 $B$ 来满足下面这个巴拿赫方程：

$$
\begin{cases}
A_1 N + BD = I \\
\| A_1(N + \Delta\widetilde{N}) - A_1 N \| < 1
\end{cases}
\tag{3-30}
$$

式中：算子 $A_1$ 稳定的；$B$ 是可逆的。为此对于带有约束输入的人工肌肉（IPMC）控制系统这种情况，我们假设：

$$B(u)(t)=au(t) \tag{3-31}$$

根据鲁棒稳定条件：

$$A_1(y)(t)=-\frac{aSY_eH^2(R_a+R_c)}{3a_0} \tag{3-32}$$

如图 3-1 所示设计的跟踪控制器 $C$ 表示：

$$u(t)^*=K_p\tilde{e}(t)+K_i\int\tilde{e}(\tau)\mathrm{d}\tau \tag{3-33}$$

### 3.3.4 基于粒子群跟踪控制器参数优化

粒子群优化算法（Particle Swarm Optimization，PSO）又翻译为粒子群算法、微粒群算法或微粒群优化算法。是通过模拟鸟群觅食行为而发展起来的一种基于群体协作的随机搜索算法。通常认为它是群集智能（Swarm Intelligence，SI）的一种。它可以被纳入多主体优化系统（Multiagent Optimization System，MAOS）。粒子群优化算法是由 Eberhart 博士和 Kennedy 博士发明[40,41]。

我们通过粒子群优化自动寻优得到滑模控制器的三个参数的最佳组合匹配，满足了系统的鲁棒稳定，进而使用 PI 跟踪控制器对其进行跟踪，接下来通过粒子群自动寻优，包括跟踪控制器参数在内的五参数组合，如何找到这之间的最佳组合呢？下面对其进行了验证，适应度函数选为 $F_{fit}=\int_0^t t|e(t)|dt$，分别对阶跃以及正弦信号进行跟踪控制，如图 3-8～图 3-13 所示，从图中可以看出，粒子群优化出来的参数带入跟踪控制器能够达到跟踪目的。但对于五维问题，粒子初始范围是随机的，随机产生的粒子的某一维数并不是真实有效的，尽管能够满足粒子群优化跟踪控制器和滑模控制器参数的要求，但是需要对某一维做一些限制，才可以避免超调，缩短调节时间等。

用粒子群优化五个参数，从仿真效果看，五参数的匹配问题比三参数的匹配来的困难，对某一维度要做一些限制，性能要求的也要求的比较多，如系统超调，调节时间，振荡等。所以用粒子群可以优化鲁棒稳定的滑模控制器的参数和跟踪控制器参数，但是由于粒子群初始化位置对优化效果有一定影响，$Kp$、$K_i$ 参数的整定需要用经验法大致确定范围加以限制才能避免超调、振荡等，所以对于跟踪控制器，尝试采用神经网络自动调整权值的方法去调节控制器的输出，而把滑模控制系统等效为一个稳定的对象。

### 3.3.5 基于神经网络的 PI 跟踪控制系统设计

多层前向 BP（Back propagation）网络，又名“误差反向传播神经网络”，它是由 Werbos 于 1974 年提出来的，是目前应用最广泛的一种神经网络形式，通常由输入层、隐含层、输出

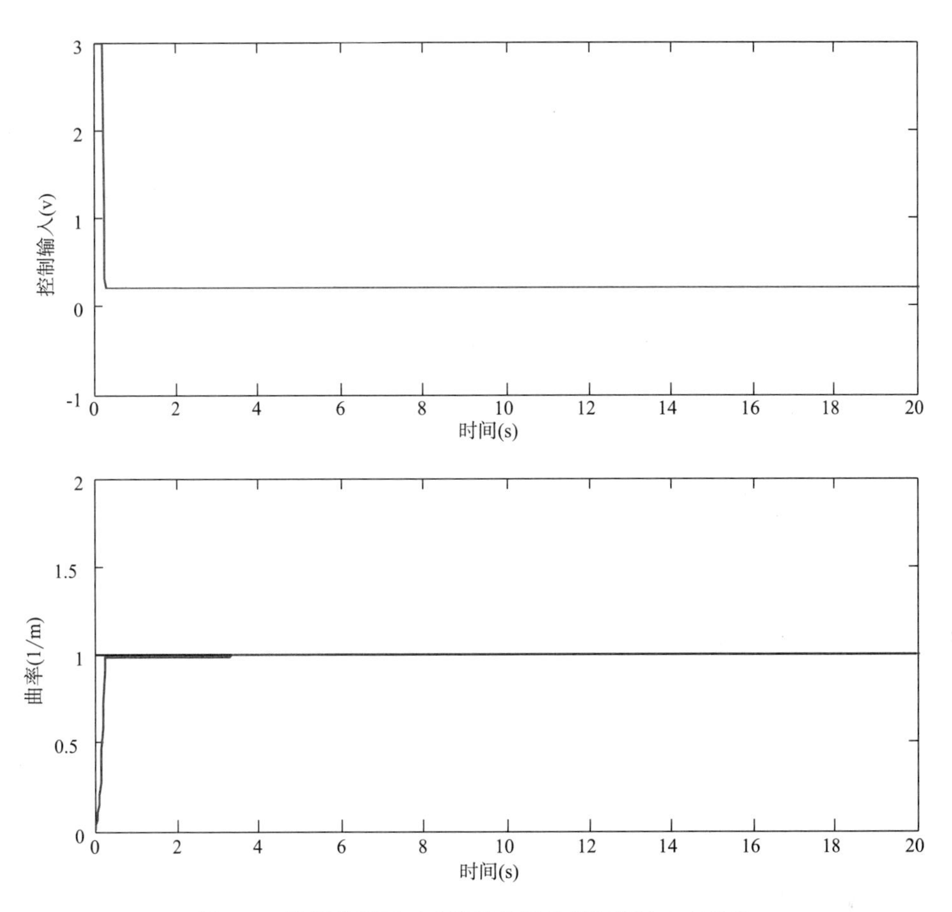


图 3-8 阶跃信号下五参数优化后的控制器输入与输出

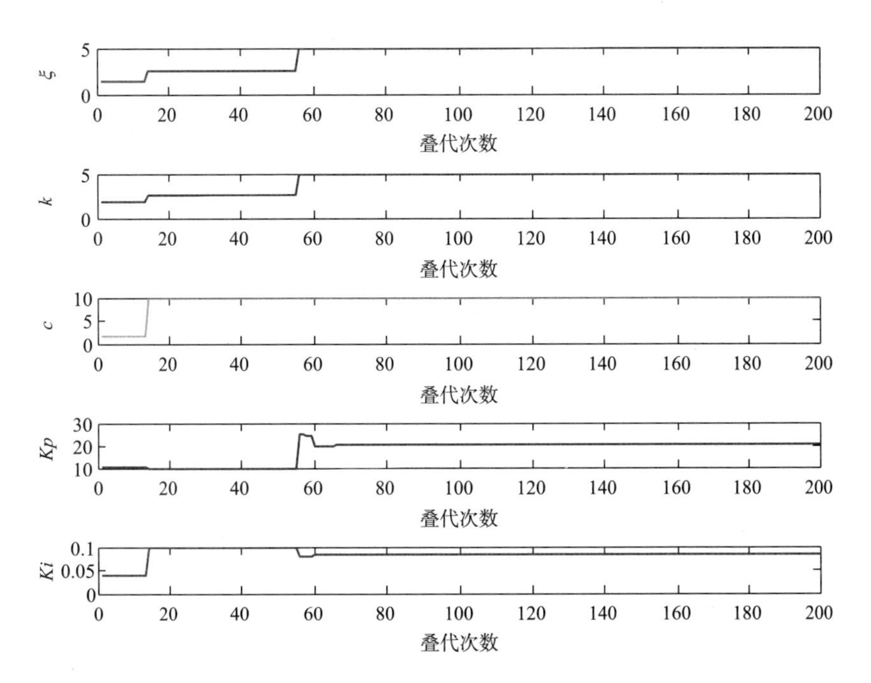


图 3-9 阶跃信号下五参数变化曲线

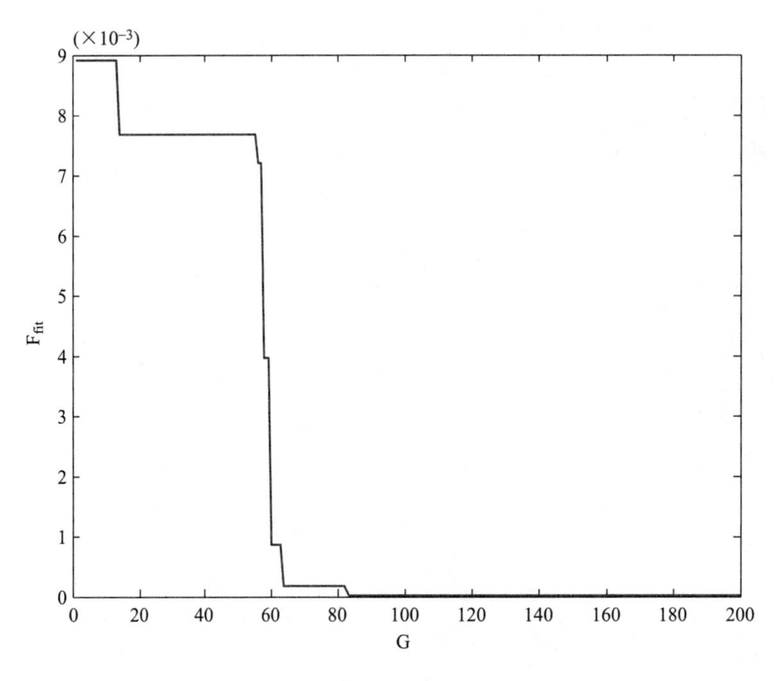


图 3-10　五参数优化下适应度曲线

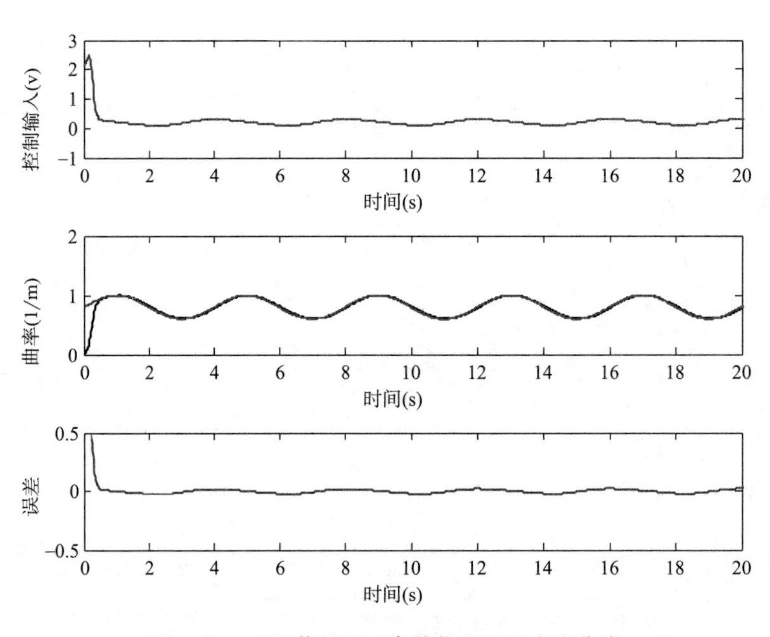


图 3-11　正弦信号下五参数优化下适应度曲线

层构成。它的学习规则采用的是最速下降法，学习过程包括正向传播与反向传播。在正向传播过程中，隐含层单元处理来自输入层的消息，并将处理后的结果传入输出层，如果输出层的输出没有达到目标值，则转入反向传播；在反响传播过程中，会逐个修改各层之间神经元

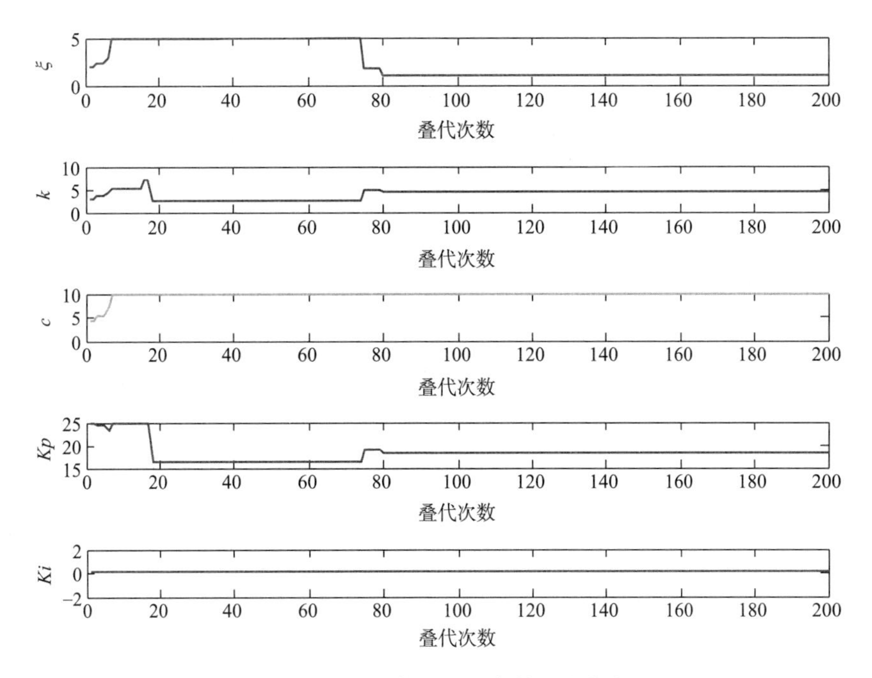


图 3-12　正弦信号下五参数变化曲线

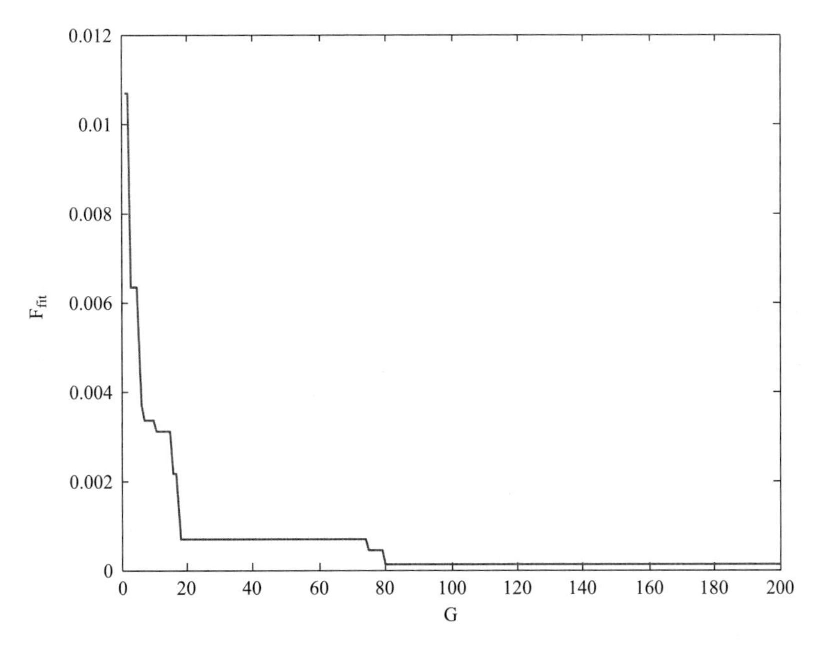


图 3-13　正弦信号下五参数优化下适应度曲线

的权值。

（1）BP 算法实现步骤包括：初始化；输入训练值并计算每层输出；计算网络输出误差；计算各层误差信号；调整各层权值；判断误差是否满足精度要求；满足则结束，否则继续计算每层输出。

（2）BP 算法的限制：

①训练时间长。对于一些特殊问题求解，BP 神经网络的时间训练有可能需要几个小时来完成，这主要归结于学习速率太小。对于这种问题，可以采用自适应的学习速率改进。

②完全不能训练。BP 神经网络的初始权值的选取具有随机性，如果在训练时，由于权值调整过大以至于激活函数趋于饱和，那么网络权值的调整基本上就会停滞。所以在初始化权值的时候，一般选取介于［-1，1］较小的初始权值。

③容易陷入局部极小值。因为 BP 算法采用的是最速下降法，又名“梯度法”，网络的训练是从随机初始化的一点开始，依照误差函数斜面收敛。因此，不同的起点则可能导致不同的极小值产生，甚至找不到最优解。如果训练未达到精度要求，通常增加网络层数或者增加神经元个数来弥补，但是这样会使得网络的复杂性和训练时间增加。

（3）BP 算法改进：

①对学习率的改进。一般来说，较小的学习速率容易确保训练的收敛，但是如果学习速率太慢，训练时间就会增加；较大的学习速率能够在一定程度上加快收敛，但可能会致使训练结果振荡或者发散，因此提出了自适应调节学习率的方法：

$$\eta(t+1)=\begin{cases}0.75\eta(t), & SSE(t)>1.04SSE(t-1)\\ 1.05\eta(t), & SSE(t)<SSE(t-1)\\ \eta(t), & \text{其他}\end{cases} \tag{3-34}$$

②选取合理的初始权值。前面介绍初始权值一般选为较小值，以免初始权值在调整过程中超出，导致收敛滞停。但是，初始权值的选取不同，导致最后的收敛结果也会有所不同。因此，初始值的确定决定了网络收敛方向，初始权值的合理选取就会显得意义重大。一般处理的方法都是初始化的时候给网络设置多个初始权值，然后根据训练效果来确定选取其中最好的那一个。此外，采用模拟退火方法也有助于跳出局部极小值。该方法是由 Kirkatrick 于 1983 年提出的一种进化算法，该算法的提出主要就是为了解决易陷入局部极小值问题。

③附加动量法。标准 BP 算法在权值调整时，仅依据 $t$ 时刻误差的梯度方向进行调整，忽略了 $t$ 时刻之前的方向信息，从而使得在训练的时候发生振荡，造成收敛速度下降，为了避免这种情况，可以在权值调整过程中附加动量。附加动量法实质就是把利用动量因子来传递最后一次权值的变化量。

④改变网络结构。一般根据实际求解问题来确定网络输入与输出层节点数，其中最重要的是隐含层单元的信息确定。如果隐含层单元太少，网络学习过程可能不收敛，模型的选取对问题的处理不会准确，隐含层单元太多，虽然能够提高映能力，但会造成网络体系过于复

杂，性能降低。目前对于隐含层信息的确定经常通过实验来比对效果或者通过已有的经验去确定。

（4）基本BP算法包含两个方面：信号的正向传播和误差的反向传播。正向传播过程中通过网络的拓扑结构根据网络输入经过权值调整输出，反向传播过程是根据误差准则函数，采用最速下降法，进行反方向权值修正，使得经权值调整过的网络输出接近目标值。如图3-14所示，输入层$j$，隐含层$i$，输出层$l$。$x(m)$ 表示输入层第$m$个节点的输入，网络输入层的输入为：

$$O_1^{(1)} = x(1),\ O_2^{(1)} = x(2),\ O_3^{(1)} = x(3),\ O_4^{(1)} = x(4) \tag{3-35}$$

式中：上角标（1）与下面公式中提到的上角标（2）、（3）分别代表输入层、隐含层、输出层；$w_{ij}$ 表达的意思是隐含层第$i$个节点单元到输入层第$j$个节点单元之间的权值，$w_{li}$ 是输出层第$l$个节点单元到隐含层第$i$个节点单元之间的权值，$f(x)$ 表示隐含层的激励函数，表示输出层的激励函数，网络隐含层单元的激励函数$f$，输出层单元的Sigmoid函数分别去为$f(x)$，$g(x)$，如公式（3-36）、式（3-37）所示。

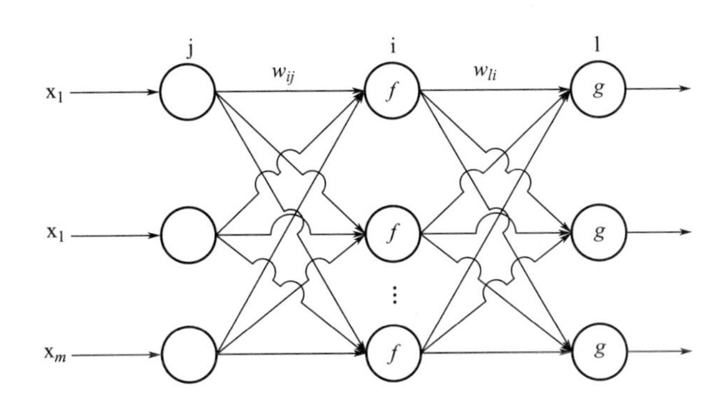


图3-14　三层BP神经网络结构示意图

$$f(x) = \frac{e^x - e^{-x}}{e^x + e^{-x}} \tag{3-36}$$

$$g(x) = \frac{1}{2}[1 + \tanh(x)] = \frac{e^x}{e^x + e^{-x}} \tag{3-37}$$

①信号的前向传播过程：

网络隐含层的输入则为：

$$net_i^{(2)}(k) = \sum_{j=0}^{m} w_{ij} O_j^{(1)},\ j = 1,\ 2,\ 3, \tag{3-38}$$

网络隐含层的输出为：

$$O_i^{(2)}(k) = f[net_i^{(2)}(k)],\ i = 1,\ 2\cdots5 \tag{3-39}$$

网络输出层的输入为：

$$net_l^{(3)}(k) = \sum_{i=0}^{Q} w_{li} O_i^{(2)}(k) \tag{3-40}$$

网络输出层的输出为：

$$\begin{cases} O_l^{(3)}(k) = g[net_l^{(3)}(k)],\ l = 1,\ 2 \\ O_1(k) = k_p \\ O_2(k) = k_i \end{cases} \tag{3-41}$$

②误差的反向传播过程：

误差准则函数取为：

$$E(k) = \frac{1}{2}[r(k) - y(k)]^2 \tag{3-42}$$

采用梯度法，对网络进行修正，如公式（3-43）所示：

$$\begin{cases} \Delta w_{li}(k) = \alpha \Delta w_{li}(k-1) - \eta \dfrac{\delta E(k)}{\delta w_{li}} \\ \Delta w_{ij}(k) = \alpha \Delta w_{ij}(k-1) - \eta \dfrac{\delta E(k)}{\delta w_{ij}} \end{cases} \tag{3-43}$$

式中：按照 $E(k)$ 的负梯度方向调节并加上一个惯性项，$\alpha$ 为惯性常数，$\eta$ 为学习速率。

$$\frac{\delta E(k)}{\delta w_{li}} = \frac{\delta E(k)}{\delta y(k)} \cdot \frac{\delta y(k)}{\delta \Delta u(k)} \cdot \frac{\delta \Delta u(k)}{\delta O_l(k)} \cdot \frac{\delta O_l(k)}{\delta net_l(k)} \cdot \frac{\delta net_l(k)}{\delta w_{li}(k)} \tag{3-44}$$

而 $u(k) = u(k-1) + kp[\mathrm{e}(k) - \mathrm{e}(k-1)] + ki\mathrm{e}(k)$，那么：

$$\begin{cases} \dfrac{\partial u(k)}{\partial O_l^{(3)}(k)} = \mathrm{e}(k) - \mathrm{e}(k-1) \\ \dfrac{\partial u(k)}{\partial O_2^{(3)}(k)} = \mathrm{e}(k) \end{cases} \tag{3-45}$$

分析求解权值变化关系式有：

$$\begin{cases} \dfrac{\delta O_l(k)}{\delta net_l(k)} = g'[net_l(k)] \\ \dfrac{\delta net_l^{(3)}(k)}{\delta w_{li}^{(3)}(k)} = O_i^{(2)}(k) \end{cases} \tag{3-46}$$

而 $\dfrac{\delta y(k)}{\delta \Delta u(k)}$ 可以由符号函数 $\mathrm{sgn}\left[\dfrac{\delta y(k)}{\delta \Delta u(k)}\right]$ 代替，由此产生的误差通过学习速率来调整，得出网络输出层的权系数学习算法：

$$\Delta w_{li}(k) = \alpha \Delta w_{li}(k-1) + \eta \sigma_l^{(3)},\ l = 1,\ 2 \tag{3-47}$$

$$\sigma_l^{(3)} = e(k)\,\mathrm{sgn}\left[\frac{\partial y(k)}{\partial u(k)}\right] \frac{\partial u(k)}{\partial O_l^{(3)}(k)} g'[net_l^{(3)}(k)] \tag{3-48}$$

用类似的处理过程可得隐含层与输入层之间权值的学习规律：

$$\Delta w_{ij}(k) = \alpha \Delta w_{ij}(k-1) + \eta \sigma_i^{(2)}, \ i = 1, 2 \cdots 5 \tag{3-49}$$

$$\sigma_i^{(2)} = \sum_{l=1}^{2} \sigma_l^{(3)} w_{li}(k) f'[net_l^{(2)}(k)], \ i = 1, 2 \cdots 5 \tag{3-50}$$

（5）上面介绍了 BP 神经网络应用在 PI 跟踪控制器的算法推导，在设计网络拓扑结构的时候需要对以下几个问题考虑分析。

①网络的层数。Robert Hecht Nielson 已经证明由一个隐含层的 BP 神经网络可以用来逼近任何有理函数。在设计网络层次的时候，一般取个三层就可以完成从 $N$ 维到 $M$ 维的映射，扩充网络层数在一定范围内可以减小误差，增强性能，但同时也会使得网络结构过于复杂化，并且导致权值的训练调整时间增加。事实上，可以通过增加隐含层的神经元个数来降低系统训练的误差，这样在训练的同时有利于调整，根据训练的结果可以更方便地进行神经元数目的调整。所以在设计网络结构的时候，首先考虑增加隐含层的神经元个数去提高系统训练的精度。

②隐含层的神经元数。前面提到在提高网络训练精度方面优先增加隐含层个数，那么隐含层的神经元到底取多少个？首先评价一个网络设计的性能是优良还是恶劣，主要看它最后的收敛精度和训练所需时间的长短。一般取的隐含层神经元数目越多，收敛性能就会越好，但并不绝对，有可能会带来其他问题。通过实验测试，当神经元个数取 3、4、5 时，训练的精度都差不多，一般神经元的个数依照问题求解的复杂程度而定。

③初值权值的选取。非线性系统不同于线性系统的一点就是它对于初值的选取特别敏感，初始权值的选择影响着收敛精度、学习速度以及训练时间，再者初始权值过大，会导致算法不收敛，所以初始权值一般取在［-1，1］内的较小的数，并且应将这些初始值设为随机数，可以以防权值的调整方向同向。初始权值的选择对整个控制系统的设计及控制效果在非线性系统控制应用中有着关键性的作用。

④学习速率。由权值调整表达式可知，学习速率的大小影响决定着每次循环调整过程中的权值变化量。学习速率过大或过小对系统都会带来不好的影响，太大虽然收敛速度加快，但是容易发生振荡，造成系统不稳定，而学习速率太小，则会导致训练时间过长，收敛变慢。通常学习速率范围选为 0.01~0.8，也可以采用自适应学习调整学习速率。

（6）基于 BP（Back Propagation）神经网络的 PI 控制系统要取得好的跟踪控制效果，就需要对 $kp$、$ki$ 进行调整[62]，它们之间的关系不再是简单的“线性组合”，而是从变化多端的无数组非线性排列组合中找出最佳的组合关系，以往的方法是采取经验试凑法，而 BP 神经网络拥有强大的非线性映射能力，并且网络结构与学习算法相对简单。通过训练与学习自身网络就能够得到性能指标下最优的 PI 控制器的参数。基于 BP 神经网络的 PI 跟踪控制系统如图 3-15 所示。控制器由三部分组成：PI 控制器，对等效的控制系统进行跟踪控制，参数

$kp$、$ki$ 在线调整；PI 神经网络，根据系统当前的运行状态，通过权值的调整自动调节 PI 控制器的参数，以达到某种目标函数下的最优解；滑模控制下等效的系统对象。基于 BP 神经网络的 PI 控制跟踪控制器算法如下：

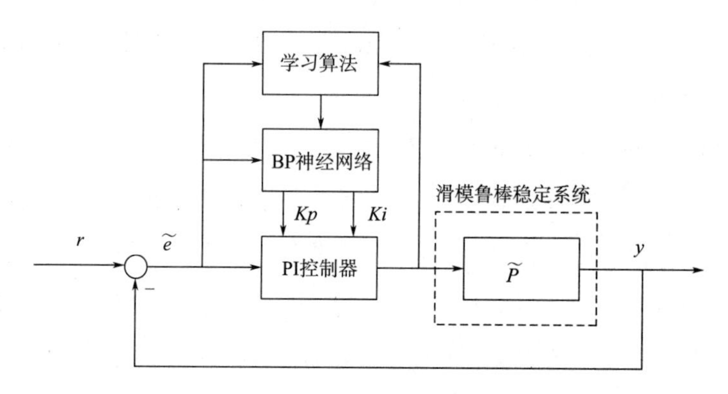


图 3-15　基于 BP 神经网络的跟踪控制系统框图

①选择 BP 网络的结构，确定输入层、隐含层、输出层节点数，初始化权值 $\Delta w_{li}(k)$ 和 $\Delta w_{ij}(k)$，确定学习速率 $\eta$ 和惯性常数 $\alpha$。

②确定采样时间并得到 $r(k)$ 和 $y(k)$，计算 $e(k)=r(k)-y(k)$。

③选择确定输入和输出。

④根据推导计算每层神经元的输入与输出。

⑤计算得到 PI 控制器的控制输出 $u(k)$，进行控制系统的计算。

⑥根据梯度下降法更新权值 $\Delta w_{li}(k)$ 和 $\Delta w_{ij}(k)$。

⑦达到精度，结束，否则返回步骤（2）。

这里采用 4×5×2 网络，即输入层 4 层，隐含层 5 层，输出层 2 层，学习速率 $\eta=0.2$，惯性常数 $\alpha=0.05$，输入层 $O_j=[r(k),\ y(k),\ e(k),\ 1]$，输出层 $O_l=(k_p,\ k_i)$，阶跃跟踪下初始权值 $w_i$ 和 $w_o$ 分别取式（3-51）、式（3-52），正弦信号跟踪下初始权值 $w_i$ 和 $w_o$ 分为式（3-53）、式（3-54）。

$$w_i=\begin{Bmatrix} 0.4745 & 0.0478 & 0.1934 & 0.4545 \\ -0.3498 & 0.01092 & 0.5165 & 0.7425 \\ -0.0613 & -0.2663 & 0.0957 & 0.4205 \\ 0.5541 & 0.4626 & 0.0457 & 0.4239 \\ 0.1464 & 0.4831 & -0.1880 & 0.6288 \end{Bmatrix} \tag{3-51}$$

$$w_o=\begin{Bmatrix} 0.6850 & 0.3864 & 0.3158 & 0.8564 & 0.3927 \\ 0.7250 & 0.7609 & 0.2253 & 0.7816 & 0.5794 \end{Bmatrix} \tag{3-52}$$

$$w_i = \begin{Bmatrix} 0.4138 & -0.4981 & 0.3506 & 0.3956 \\ -0.2117 & 0.1153 & -0.4627 & -0.2331 \\ -0.3350 & 0.1612 & 0.1808 & -0.4314 \\ -0.0441 & 0.1603 & 0.0711 & -0.1864 \\ -0.2572 & 0.1805 & 0.1902 & 0.2892 \end{Bmatrix} \tag{3-53}$$

$$w_o = \begin{Bmatrix} -0.0017 & -0.3316 & 0.1859 & 0.2055 & 0.4941 \\ -0.0630 & -0.2354 & 0.3166 & 0.0765 & -0.0388 \end{Bmatrix} \tag{3-54}$$

### 3.3.6　系统仿真结果分析

应用所提方法，对控制系统进行跟踪控制，图 3-16、图 3-17 分别对阶跃信号以及正弦信号进行跟踪，仿真结果表明系统能够很好地跟踪给定，但初始时刻有一定超调，可能是初始权值随机化产生的问题。

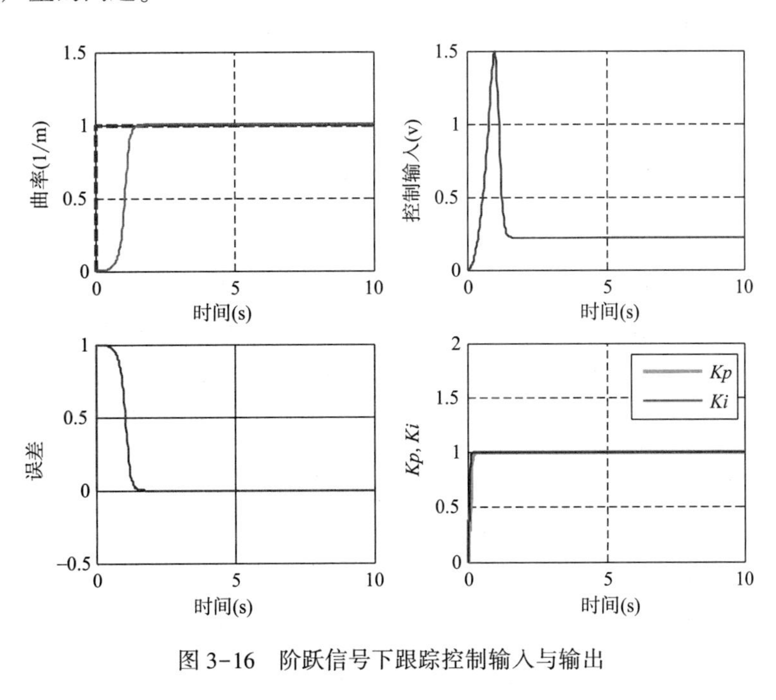


图 3-16　阶跃信号下跟踪控制输入与输出

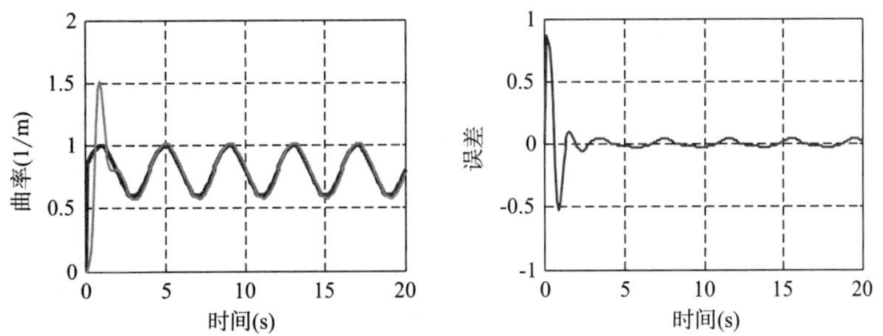


图 3-17

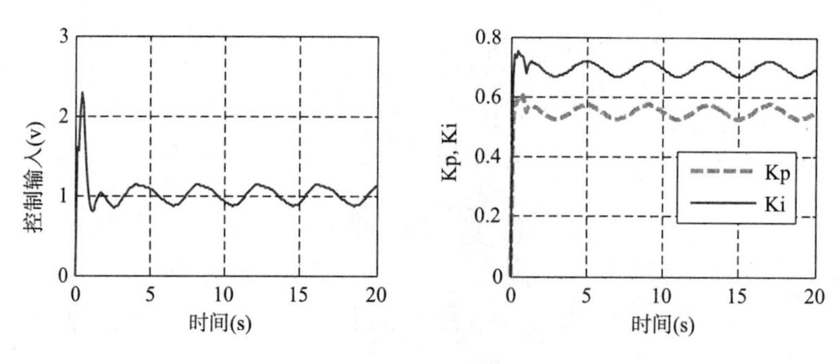


图 3-17　正弦信号下跟踪控制输入与输出

# 3.4　本章小结

本章主要介绍了基于鲁棒右互质分解和 PI 控制的鲁棒跟踪控制设计方法与思路，分别以机器人手臂和 IPMC 对设计方法进行了验证和讨论。

## 参考文献


[1] D. Deng, A. Inoue K. Ishikawa. Operator-based nonlinear feedback control design using robust right coprime factorization [J]. IEEE Transactions on Automatic Control, 2006, 51 (4): 645-648.

[2] 温盛军，毕淑慧，邓明聪. 一类新非线性控制方法：基于演算子理论的控制方法综述 [J]. 自动化学报，2013，39 (11)：1812-1819.

[3] M. Deng, A. Wang. Robust nonlinear control design to an ionic polymer metal composite with hysteresis using operator based approach [J]. IET Control Theory & Applications, 2012, 6 (17), 2667-2675.

[4] 蔡自兴. 机器人学 [M]. 北京：清华大学出版社，2000.

[5] 史先鹏，刘士荣. 机械臂轨迹跟踪控制研究进展 [J]. 控制工程，2011，18 (1)：116-122.

[6] M. W. Spong, M. Vidyasagar. Robust linear compensator design for nonlinear robotic [J]. IEEE Journalof Control. Robotics and Automation, 1987, 3 (4): 345- 351.

[7] K. K. Young. Controller design for a manipulator using theory of variable structure systems. IEEE Transactions on Systems. Man and Cybernetics, 1978, 8 (2): 101-109.

[8] Y. Stepanenko, Y. Cao, C. Y. Su. Variable structure control of robotic manipulator with PID sliding surfaces [J]. International Journal of Robust and Nonlinear Control, 1998, 8 (1): 79-90.

[9] M. Zhihong, A. P. Paplinski, H. R. Wu. A robust MIMO terminal sliding mode control scheme for rigid robotic manipulators [J]. IEEE Transactions on Automatic Control, 1994, 39 (12): 2464-2469.

[10] J. J. E. Slotine, W. Li. On the adaptive control of robot manipulators [J]. The International Journal of Robotics Research, 1987, 6 (3): 49-59.

[11] S. N. Singh. Adaptive model following control of nonlinear robotic systems [J]. IEEE transactions on automatic control, 1985, 30 (11): 1099-1100.

[12] 谢明江，代颖. 机器人鲁棒控制研究进展 [J]. 机器人，2000, 22 (1): 73-80.

[13] P. Herman and D. Franelak, Robust tracking controller with constraints using generalized velocity components for manipulators [J]. Transactions of the Institute of Measurement and Control, 2008, 30 (2): 101-113.

[14] A. A. Ata. Optimal trajectory planning of manipulators: a review [J]. Journal of Engineering Science and Technology, 2007, 2 (1): 32-54.

[15] S. Devasia. Nonlinear minimum-time control with pre- and post-actuation [J]. Automatica, 2011, 47 (7): 310-314.

[16] V. Arakelian, J. L. Baron, and P. Mottu. Torque minimisation of the 2-DOF serial manipulators based on minimum energy consideration and optimum mass redistribution [J]. Mechatronics, 2011, 21 (1): 310-314.

[17] G. Simmons, Y. Demiris. Optimal robot arm control using the minimum variance model [J]. Journal of Robotic Systems, 2005, 22 (11): 677-690.

[18] N. Kumara, V. Panwarb, N. Sukavanamc, S. p. Sharmac, J. H. Borma. Neural network-based nonlinear tracking control of kinematically redundant robot manipulators [J]. Mathematical and Computer Modelling, 2011, 53 (9): 1889-1901.

[19] C. Chiena, A. Tayebib. Further results on adaptive iterative learning control of robot manipulators [J]. Automatica, 2008, 44 (3): 830-837.

[20] P. Tomei. Adaptive PD controller for robot manipulators [J]. IEEE Transactions on Robotics and Automation, 1991, 7 (4): 565-570.

[21] T. Sun, H. Pei, Y. Pan, H. Zhou, C. Zhang. Neural network-based sliding mode adaptive control for robot manipulators [J]. Neurocomputing, 2011, 74 (14): 2377-2384.

[22] F. Moldoveanu, V. Comnac, D. Floroian, C. Boldisor. Trajectory tracking control of a two-link robot manipulator using variable structure system theory [J]. Control Engineering and Applied Informatics, 2005, 7 (3): 56-62.

[23] C. P. Tan, X. Yu, Z. Man. Terminal sliding mode observers for a class of nonlinear systems [J]. Automatica, 2010, 46 (8): 1401-1404.

[24] S. Islam, X. P. Liu. Robust sliding mode control for robot manipulators [J]. IEEE Transactions on Industrial Electronics, 2011, 58 (6): 2444-2453.

[25] 霍伟. 机器人动力学与控制 [M]. 北京：高等教育出版社，2005.

[26] T. Yoshikawa. Foundations of robotics: analysis and control [M]. Massachusetts: The MIT Press, 1990.

[27] W. E. Dixon, M. S. de Queiroz, F. Zhang, D. M. Dawson. Tracking control of robot manipulators with bounded

torque inputs [J]. Robotica, 1999, 17 (2): 121-129.

[28] Y. Oh, W. K. Chung. Disturbance-observer-based motion control of redundant manipulators using inertially decoupled dynamics [J]. IEEE Transactions on Mechatronics, 1999, 4 (2): 133-146.

[29] P. Herman, D. Franelak. Robust tracking controller with constraints using generalized velocity components for manipulators. Transactions of the Institute of Measurement and Control, 2008, 30 (2): 101-113.

[30] 金琨. 机器人控制系统的设计与 MATLAB 仿真 [M]. 北京: 清华大学出版社, 2008.

[31] 郝丽娜, 周铁然. IPMC 的制备研究 [J]. 东北大学学报 (自然科学版), 2009, 30 (12): 1728-1730.

[32] M. Shahinpoor, K. Kim. Ionic polymer-metal composites: I. Fundamentals [J]. Smart materials and Structures, 2001, 10 (4): 819-833.

[33] 唐华平, 姜永正. 人工肌肉 IPMC 电致动响应特性及其模型 [J]. 中南大学学报: 自然科学版, 2009, 40 (1): 153-158.

[34] 谭湘强, 钟映春, 杨宜民. IPMC 人工肌肉的特性及其应用 [J]. 中国机械工程, 2006, 17 (4): 410-413.

[35] N. Bhat, W. Kim. Precision force and position Control of ionic polymer mental composite [J]. Journal of system and Control Engineering, 2004, 218 (6): 421-432.

[36] 赵春丽, 王瑗珲. 基于演算子理论的 IPMC 人工肌肉精确位置控制 [J]. 计算机与现代化, 2012, 7: 68-71.

[37] 王瑗珲, 张强, 王东云, 刘萍. 基于滑模变结构的 IPMC 跟踪控制系统设计 [J]. 郑州大学学报 (工学版), 2014, 35 (6): 104-107.

[38] L. Shi, S. Guo, K. Asaka. Modeling and Experiments of IPMC Actuators for the Position Precision of Underwater Legged Microrobots [J]. Proceesing of IEEE International Conference on Automation and Logistics, Zhengzhou, China, 2012.

[39] 孔维健. IPMC 人工肌肉建模与控制研究 [D] 东北大学, 2008.

[40] 达飞鹏, 宋文忠. 基于输入输出模型的模糊神经网络滑模控制 [J]. 自动化学报, 2000, 26 (1): 136-139.

[41] 王万良, 唐宇. 微粒群算法的研究现状与展望 [J]. 浙江工业大学学报, 2007, 35 (2): 136-141.

[42] W. B. Langdon, R. Poli. Evolving problems to learn about particle swarm and other optimizers [A]. in: Proc. CEC-2005, 81-88.

# 第4章 基于鲁棒右互质分解和滑模控制的鲁棒跟踪控制

## 4.1 滑模控制理论

滑模控制（Sliding Mode Control，SMC）也叫变结构控制，本质上是一类特殊的非线性控制，且非线性表现为控制的不连续性。这种控制策略与其他控制的不同之处在于系统的“结构”并不固定，而是可以在动态过程中，根据系统当前的状态（如偏差及其各阶导数等）有目的地不断变化，迫使系统按照预定“滑动模态”的状态轨迹运动。由于滑动模态可以进行设计且与对象参数及扰动无关，这就使得滑模控制具有快速响应、对应参数变化及扰动不灵敏、无需系统在线辨识、物理实现简单等优点。

滑模变结构控制算法是苏联 Emelyanov、Utkin 和 Itkin 等学者在 20 世纪 60 年代初提出的一种非线性控制，该控制算法是在相平面基础上产生的一种现代控制理论的综合方法，优点在于其属于一种特殊的变结构控制，它可以在有限的时间内使状态点从初始状态运动到所设计切换函数决定的某个超平面上，并维持在其上运动，即根据系统要求设定滑模面。所谓的变结构控制，是通过设定切换函数而实现的，对于一个特定的控制系统来说，我们可以设计两个或者两个以上的切换函数去控制系统的相关过程变量，当系统的某一切换控制函数跟随特定的运行轨迹达到某个设定值时，此刻运行结构将转换为由另一种切换函数控制的另一种结构，变结构控制通常有两种，一是该变结构具有滑动模态性，二是不具有滑动模态性[1,2]。

滑模变结构设计原则为通过切换函数改变系统在设定切换面 $s(x)=0$ 两边的状态结构，利用该结构的不连续性，使系统在特性控制作用下在切换面上下做高频、小幅的滑模运动。滑模变结构控制的主要作用就是保证系统可以在一定的时间内把状态变量吸引到滑模面上，并沿着滑模面渐进稳定。

滑动模态具有快速响应的特性，不随系统摄动和外部扰动的变化而变化，因此具有很强的鲁棒性[3]。滑模控制具有无需系统在线辨识，物理实现简单等控制功能。如图 4-1 所示，假定滑模面为 $s(x)$，滑模控制可以使系统的状态变量限制在该滑模面附近做小幅度、高频率的“滑模”运动。滑模变结构控制系统的动态响应过程可以理解为分成两个阶段，即趋近运动阶段和滑动模态阶段。

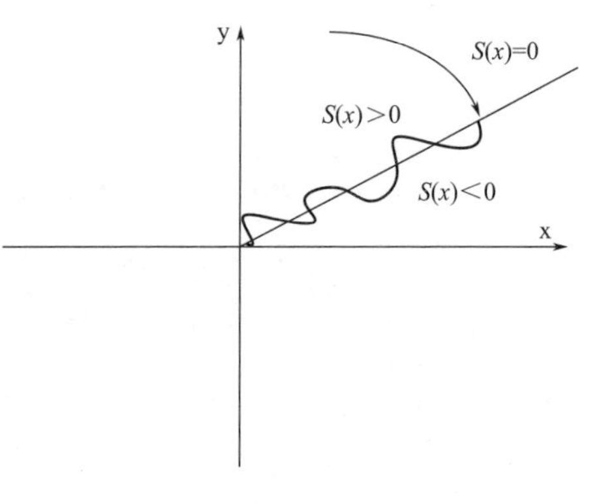


图 4-1　滑模特性示意图

我们可以假设控制系统为 $\dot{x}=f(x, u, t)$，$x\in R^n$，$u\in R$，$t$ 为系统响应时间，$u$ 为控制输入部分。首先，我们要选择一个滑模面 $s(x)$，滑模面的选择满足状态点在有限时间到达切换面且在该切换面上运动，同时使系统满足渐进稳定，即当状态点趋向该区域时，就会自动沿着该区域运动，这些区域就称为滑动模态区域，也即系统需要满足如式（4-1）条件，否则无法完成滑动模态运动。

$$\begin{cases}\lim\limits_{s\to 0^+}\dot{s}\leqslant 0\\ \lim\limits_{s\to 0^-}\dot{s}\geqslant 0\end{cases}$$

即：

$$\lim_{s\to 0^-} s\dot{s}\leqslant 0 \tag{4-1}$$

滑模面选取之后我们要满足其可达性条件，使滑模面以外的状态点在有限的时间内到达该滑模面，从而达到控制系统的动态品质要求。这就要求我们求出控制率 $u(x)$，且 $u^+(x)\neq u^-(x)$，即满足公式（4-2）所示条件：

$$u(x)=\begin{cases}u^+(x) & s(x)>0\\ u^-(x) & s(x)<0\end{cases} \tag{4-2}$$

滑动模态运动只是保证了状态运动点在有限时间内到达设定的滑模面，但对于状态点的运动轨迹并没有做出选择和限制，这里我们可以采取基于趋近率的方法，选择状态点运动轨迹，提高趋近运动的动态品质因数，从而达到了控制系统的动态品质目标。

由以上可知，对于特定的非线性系统模型来说，要运用滑模变结构设计方法，需满足以下三个条件：

（1）满足可达性条件，使滑模面以外的状态点在有限时间内都能到达滑模面；

（2）满足滑动模态的存在性；

（3）需要保证滑动模态运动的渐进稳定性且具有良好的动态品质。

滑模变结构控制应用范围广泛，例如电机控制、飞行器控制等领域。20 世纪 80 年代在机器人、航空航天等领域成功应用滑模变结构控制的方法，并取得大量的研究成果，高为炳院士对航天飞行器运用了滑模变结构控制算法对其进行设计，采用模糊控制与滑模变结构控制器的结合，实现了基于导弹姿态控制系统的模糊变结构滑模控制。这些与滑模变结构控制的优越性密切相关。另外，滑模变结构控制在工业控制领域也具有广泛的应用，设计的控制系统采用了两级分层设计方法，具有很好的稳定性，该控制器通过对目标控制车轮施加制动力矩来达到稳定汽车操纵性的目的。滑模变结构在实际控制中的应用为其理论研究提供了重要的应用基础，对该理论的发展具有重大的研究意义。

## 4.2　滑模控制的机器人鲁棒跟踪控制

滑模控制最基本原理是根据系统运行的动态要求来设计合适的滑模面，通过滑动模态控制器使系统状态从滑外的任意一点趋近于滑模面，在控制律的控制下，使得系统沿着滑模面运行，并且保证系统可以在平衡点处稳定，这一过程称为滑模控制，也常常称为滑模变结构运动。通过系统所需要达到控制参数或者理想的动态特性来设计滑模控制系统中的滑模面，在有限时间内迫使系统进入并且维持在设计好的滑模面上进行运动。此外，滑模控制的优点还有响应速度快、控制结构简单、良好的鲁棒性能等。

滑模控制的缺点是当系统维持在滑模面两侧运动时，其高频开关反馈控制导致了抖振的产生。由于滑模变控制使系统不断地穿越滑膜面运行，所以在本质上它是一类无法进行连续控制的非线性控制方法。抖振现象限制了滑模控制的实际应用的范围，这是因为它容易导致系统未建模的动态特性，严重地影响了控制性能[4,5]。

由于滑模控制系统所具有的上述优点，所以在机器人手臂的跟踪控制系统的设计中广为应用。一方面，滑模面设计的不断优化和创新，使得机器人手臂的控制进一步取得了良好的性能；另一方面，滑模控制结合不同算法例如模糊控制、神经网络控制等方法来抑制或者减小抖振现象。在研究中，将滑模控制和鲁棒右互质分解方法相结合，首先用右互质分解对两连杆的机器人手臂进行模型分解，然后设计稳定算子控制器，以保证系统的鲁棒稳定，再设计基于滑模控制的跟踪控制器，改善系统的跟踪性能，加速跟踪速度。

本研究中，对传统的指数趋近律进行改进，使系统得到更好的跟踪性能，不仅缩短运动点到达滑模面的趋近时间，而且抑制系统抖振现象。图 4-1 是非线性系统反馈跟踪控制的框图。

在本研究中，以含有不确定性的两输入两输出的刚性机器人手臂为具体的研究对象[6~24]，实际模型是 $\widetilde{P}=(\widetilde{P}_1, \widetilde{P}_2)$，它其中包括两个部分，标称模型 $P_1=(P_1, P_2)$ 以及不确定模型 $\Delta P_1=(\Delta P_1, \Delta P_2)$，也就是说 $\widetilde{P}=P+\Delta P$。名义模型 $P$ 和整体模型 $\widetilde{P}$ 假设都有右分

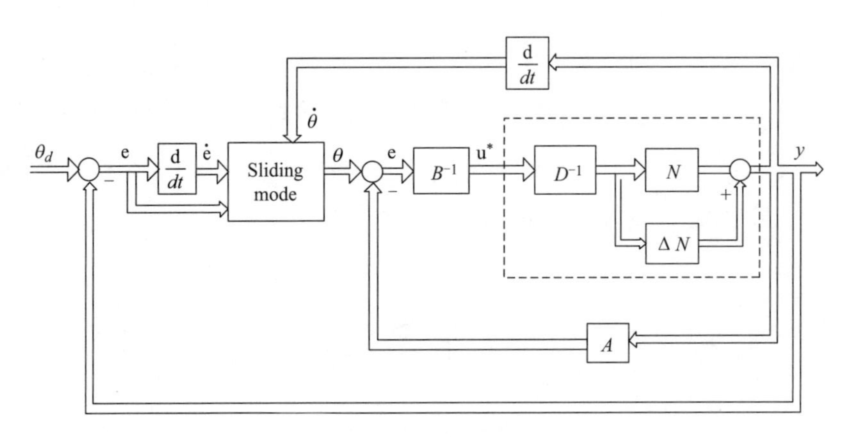


图 4-2　非线性系统反馈跟踪控制

解，满足 $P_i = N_i D_i^{-1}(i = 1, 2)$ 和 $\widetilde{P}_i = P_i + \Delta P_i = (N_i + \Delta N_i) D_i^{-1}(i = 1, 2)$，其中，$N_i$ 和 $D_i(i = 1, 2)$ 都是稳定的算子，$D_i$ 是可逆的，$\Delta N_i$ 是未知的，但是其上下界是已知的。

对于式（3-1）表示的两连杆机器人手臂的动力学模型，该非线性系统可以右互质分解，分解出来的算子分别为 $N_i$ 和 $D_i$，$N_i(\omega_i)(t) = \omega_i(t)$，$i=1, 2$，$D_i$ 的形式如下：

$$D_i(\omega_i)(t) = I_i[\omega(t)]\ddot{\omega}_i(t) + H_i[\dot{\omega}(t), \omega(t)], \ i = 1, 2 \tag{4-3}$$

由于此处研究的是含有扰动和模型不确定性的非线性系统的鲁棒控制问题，因此给定一个对 $N$ 的扰动信号，即 $\Delta N$。这里的算子 $N_i$ 和 $D_i$ 是稳定的，且 $D_i$ 是可逆的。

右分解中的 $N_i$ 和 $D_i$ 的设计都是基于名义模型。然而，在实际情况下，除了结构参数 $Z_i$，$Z_2$ 和 $Z_3$ 引起的模型误差，外部扰动也是不可避免的。本文的控制系统设计，模型误差和扰动对于系统性能的影响被认为是机器人的动态不确定性。针对机器人的不确定性，这里研究如何基于演算子理论的鲁棒右互质分解方法设计机器人手臂的鲁棒非线性控制器，如何实现良好的跟踪性能。

根据右互质分解条件和鲁棒稳定条件，稳定的算子控制器可以得到：

$$B_i(\tau_i)(t) = \beta_i \tau_i, \ i = 1, 2 \tag{4-4}$$

$$A_i(\theta_i)(t) = \theta_i(t) - \beta_i\{I_i[\theta(t)]\ddot{\theta}_i(t) + H_i[\dot{\theta}(t)], \theta(t)\}, \ i = 1, 2 \tag{4-5}$$

式中：$\beta_i$ 是设计的参数。

下面通过滑模控制讨论在鲁棒稳定下如何实现精确跟踪。在滑模控制下，系统的轨迹运动过程通常分成两个部分：趋近过程和滑模过程。该系统从滑模面外的任一初始位置，最后到达滑模面的运动过程被称为趋近运动。而滑模运动是指系统在滑模面上保持滑行的过程，在滑模运动的阶段，系统误差可以逐渐收敛为零，误差收敛的速度可以通过改变滑模面中的常数矩阵 $C$ 来进行优化。

在滑膜控制中，滑模到达条件仅仅可以保证平面上的任意点可以在有限的时间内达到滑模面控制的要求，但对于在这一过程中，运动轨迹的具体形式没有任何限制。关于系统怎样达到滑模面的轨迹跟踪问题，高为炳院士提出趋近律这一概念，通过选择合适的趋近律，就可以把求解不等式的问题转变成为求解代数方程的问题，从而达到了期望的动态品质，这一概念的提出可以大大地缩短趋近时间并且抑制抖振现象的发生。

在滑模控制理论中，稳定的系统将保持在滑模面上运行。基于滑模趋近律控制系统的设计步骤如下：首先选择一个滑模面 $s$；然后设计控制率 $\dot{s}$ 使得状态变量在滑模面上运行并且保持持续的运动；最后联立方程求解出来控制律。

$\theta_i$ 为参考输入信号，输出跟踪误差 $e$ 为：

$$e(t) = \theta_d - \theta_i \quad i = 1,\ 2 \tag{4-6}$$

误差 $e$ 的微分形式如下：

$$\dot{e}(t) = \dot{\theta}_d - \dot{\theta}_i \quad i = 1,\ 2 \tag{4-7}$$

该系统的轨迹被限制在滑模面时，可以保证期望的跟踪效果。在本研究中，滑模面被定义为：

$$s = \dot{e} + Ce = \begin{Bmatrix} c_1 e_1 + e_1 \\ c_1 e_2 + e_2 \end{Bmatrix} \tag{4-8}$$

式中：$c_1>0$ 和 $c_2>0$，并且 $c_1$ 和 $c_2$ 满足赫维茨稳定性条件。

应该注意的是，滑模面函数的阶数小于系统原来的阶数。滑模控制并不决定于模型自身的动态方程，而是由滑模面中的参数 $C$ 决定的。因此，$s$ 的微分形式为：

$$\dot{s} = \begin{Bmatrix} c_1 \dot{e}_1 + \ddot{e}_1 \\ c_1 \dot{e}_2 + \ddot{e}_2 \end{Bmatrix} = \begin{Bmatrix} c_1 \dot{e}_1 \\ c_1 \dot{e}_2 \end{Bmatrix} + \begin{Bmatrix} \ddot{\theta}_{d1} \\ \ddot{\theta}_{d2} \end{Bmatrix} - M^{-1}(\tau - H) \tag{4-9}$$

## 4.3　趋近律设计

趋近律（Reaching Law）是指一种等式形式的到达条件。一般的趋近律为通过趋近律，求解变结构控制器问题便从以往的求解 2m 个条件不等式问题简化为求解 m 个代数方程问题，这大大方便了控制器的设计。这一点对于一些复杂的变结构控制系统，如非线性系统、时滞系统等显得尤为重要。变结构控制系统在达到滑动模态之前的运动称为到达过程。通过选择趋近律中的参数可以保证到达过程的品质并减弱变结构系统中的抖振现象[25~27]。

在滑模控制中，最常用的趋近律是指数趋近律，其具体形式为：

$$\dot{s} = -\xi \mathrm{sgn}(s) - ks \quad \xi > 0,\ k > 0 \tag{4-10}$$

该指数趋近律可以有效地提高系统的动态性能，同时也可以缩短到达滑动面的时间，但是指数趋近律存在呈带状的切换带，因此误差无法完全收敛于零，系统在趋近于原点附近的发生抖振，这种高频抖振会增加磨损。因此对指数趋近律做出如下的改进：

$$\dot{s} = -\varepsilon s^2 \mathrm{sgn}(s) - ks \quad \xi > 0,\ k > 0 \tag{4-11}$$

引入 $s^2$ 的原因如下：在开始阶段中，由于系统输出的误差比较大，所以 $s^2$ 的值也较大，因此系统可以加速运动到期望轨迹上；随着控制器不断调整系统误差，趋近律的速度会越来越接近零，误差会逐渐减小，当运动逐渐到达平衡的位置时，$s^2$ 会进一步变小，系统存在的抖振会得到进一步的抑制。

根据上述公式联立，控制率可以求得：

$$u = M\left\{\begin{bmatrix} c_1\dot{e}_1 \\ c_2\dot{e}_2 \end{bmatrix} + \begin{bmatrix} \ddot{q}_{d1} \\ \ddot{q}_{d2} \end{bmatrix} + \varepsilon s^2 \mathrm{sgn}(s) + ks\right\} + H \tag{4-12}$$

# 4.4 稳定性分析

稳定性的研究是自动控制理论中的一个基本问题[28~30]。稳定性是一切自动控制系统必须满足的一个性能指标，它是系统在受到扰动作用后的运动可返回到原平衡状态的一种性能。关于运动稳定性理论的奠基性工作，是 1892 年苏联数学家和力学家李雅普诺夫在论文《运动稳定性的一般问题》中完成的。李雅普诺夫是俄国著名的数学家、力学家。1857 年 6 月 6 日生于雅罗斯拉夫尔，1918 年 11 月 3 日死于敖德萨。19 世纪以前，俄罗斯的数学是相当落后的，直到切比雪夫创立了圣彼得堡数学学派以后，才使得俄罗斯数学摆脱了落后境地而开始走向世界前列。李雅普诺夫与师兄马尔科夫是切比雪夫的两个最著名最有才华的学生，他们都是彼得堡数学学派的重要成员。1876 年，里雅普诺夫考入圣彼得堡大学数学系，1880 年在圣彼得堡大学毕业后，留校教力学，1885 年在该校获硕士学位。1892 年，他的博士论文《论运动稳定性的一般问题》在莫斯科大学通过。1892 年起任哈尔科夫大学教授。1901 年初被选为彼得堡科学院通讯院士，同年年底成为院士。1902 年起在彼得堡科学院工作。里雅普诺夫在常微分方程定性理论和天体力学方面的工作使他赢得了国际声誉。在概率论方面，李雅普诺夫引入了特征函数这一有力工具，从一个全新的角度去考察中心极限定理，在相当宽的条件下证明了中心极限定理，特征函数的引入实现了数学方法上的革命。

在经典控制理论中，主要限于研究线性定常系统的稳定性问题。判断系统稳定性的主要方法有奈奎斯特稳定判据和根轨迹法。它们根据控制系统的开环特性来判断闭环系统的稳定性。这些方法不仅适用于单变量系统，而且在经过推广之后也可用于多变量系统。对于非线性系统稳定性的判别，李雅普诺夫第二方法至今仍是主要的方法。李雅普诺夫方法还被应用于研究绝对稳定性和有限时间区间稳定性问题。对于大系统和多级复杂系统，通过引入向量李雅普诺夫函数，可以建立判断稳定性的充分条件。在研究绝对稳定性问题方面，不同于李雅普诺夫方法的另一个重要方法是 1960 年 V. M. 波波夫建立的频率域形式的判据。它的主要优点是可利用系统中线性部分的频率响应的实验结果。后来的研究表明，李雅普诺夫方法和波波夫方法在实质上是等价的。波波夫在研究绝对稳定性的基础上，在 1964 年进一步提出超稳定的概念和理论，并在 1966 年出版了《控制系统的超稳定性》的专著。超稳定性理论已在模型参考适应控制系统的分析和综合中得到应用。

本研究中，主要讨论平衡点的稳定性，平衡点的稳定性一般是由李雅普诺夫稳定原理判定的。李雅普诺夫稳定原理主要讨论平衡点的稳定性特征，根据此原理可以判断系统是否稳定，是目前解决非线性系统的稳定性问题的最为普遍的方法。这种方法的基本思路是通过设计一个李氏函数，对其进行求导，然后根据判定定理判别系统在平衡状态是否稳定。在本章，我们选择李氏函数 $V$ 为如下形式：

$$V = \frac{1}{2}s^2 \tag{4-13}$$

李氏函数 $V$ 的微分形式为：

$$\dot{V} = ss^2 = \varepsilon\,|\,s\,|^3 - ks^2 < 0 \tag{4-14}$$

基于李雅普诺夫稳定理论，上面的式子满足滑模的到达条件。因此，可以证明该系统在平衡位置上，可以自动稳定。在滑动的条件下，保证系统能够在有限时间到达滑模面 $s = 0$，并且它一旦进入滑模面就会一直停留在此进行理想的运动，即可得到期望运动轨迹。

# 4.5　仿真与结果分析

为了验证上述方法的效果，以两连杆的刚性机器人手臂为模型[31~35]，用 MATLAB 对其进行跟踪控制仿真。为了和第 3 章的 PI 跟踪控制系统进行对比，对本章节提出的控制方法进行仿真时，机器人手臂的模型参数、设定的外界扰动大小以及连杆 $l_1$ 和 $l_2$ 的角位置和角速度的初始值和参考信号都设计与第 3 章一样，这样更利于两种方法对比。机器人手臂的物理和结构参数分别为：

$$l_1 = 0.29(m),\ l_2 = 0.34(m) \tag{4-15}$$

$$Z_1 = 0.4507,\ Z_2 = 0.1575,\ Z_3 = 0.1530 \tag{4-16}$$

即得到机器人手臂的名义模型。然而在实际控制中，非常难获得 $l_i$，$l_{gi}$ 和 $m_i$ 的真实值，即结构参数 $Z_i$ 是未知的。因此，在仿真中，机器人手臂的不确定参数当作 $Z_i = Z_i^* \pm \Delta Z_i^*$，$\Delta = 0.5$，这里的 $Z_i^*$ 被假设成真实值。扰动 $\tau_d = rand$（0，0.25）。不确定的结构参数和扰动被归纳成 $\Delta N$。

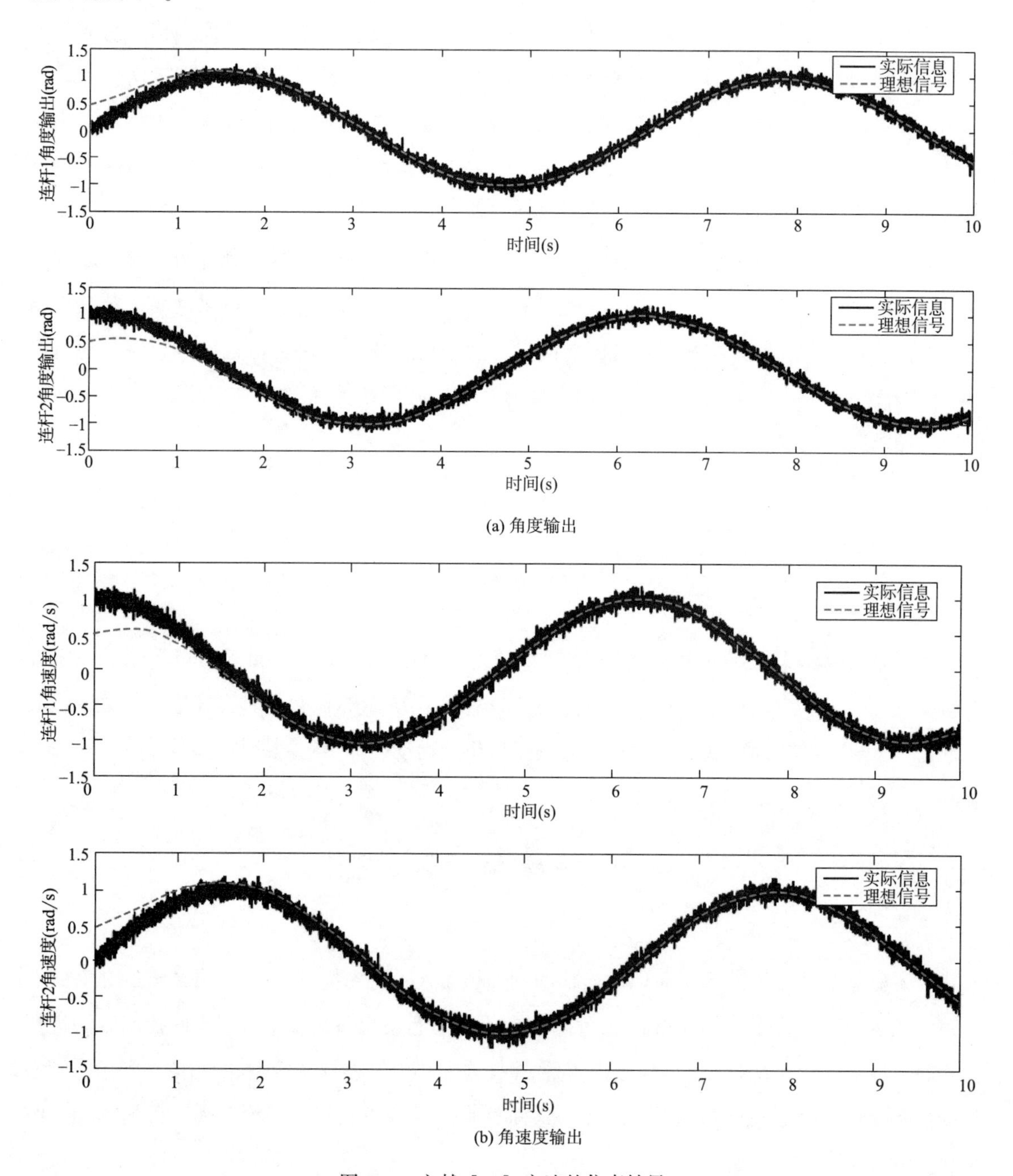


图 4-3　文献［20］方法的仿真结果

在滑模面 $s$ 方程中，参数值分别为 $c_1=c_2=5$，趋近律函数中的参数值分别为 $\varepsilon=0.8$ 和 $k=5$。

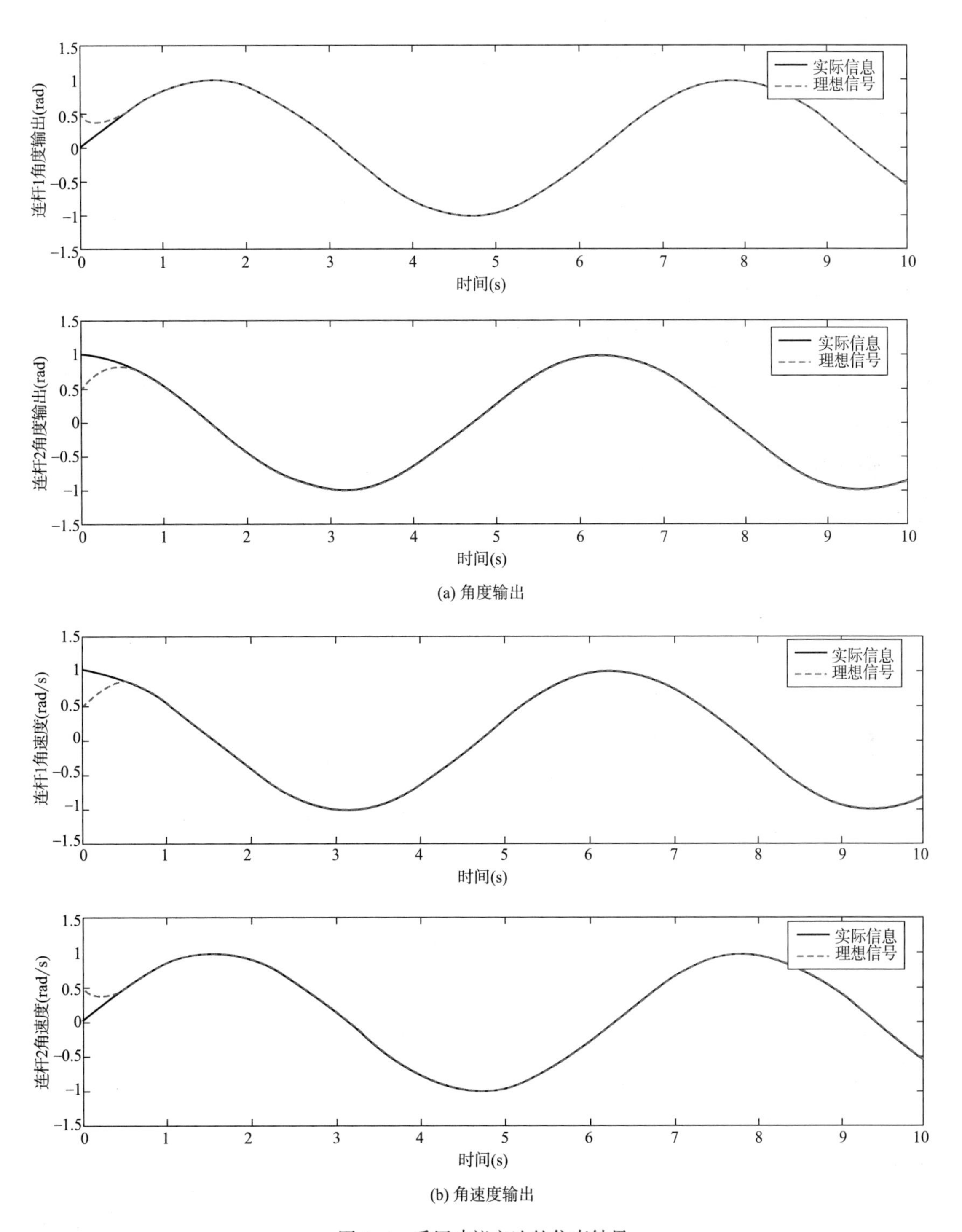


(a) 角度输出

(b) 角速度输出

图 4-4　采用建议方法的仿真结果

连杆 $l_1$ 和 $l_2$ 的角位置初始值分别为：

$$\theta(0)=[\theta_1(0),\ \theta_2(0)]^T=(60^0,\ 30^0)^T \tag{4-17}$$

连杆 $l_1$ 和 $l_2$ 的角速度的初始值分别为：

$$\theta(0)=[\theta_1(0),\ \theta_2(0)]^T=(0,\ 0)^T \tag{4-18}$$

参考角位置和角速度分别为：

$$\theta_d=(\theta_{d1},\ \theta_{d2})=(\cos t,\ \sin t) \tag{4-19}$$

$$\dot{\theta}_d=(\dot{\theta}_{d1},\ \dot{\theta}_{d2})=(\sin t,\ \cos t) \tag{4-20}$$

图4-3（a）和（b）显示了运用文献［20］的控制方法，连杆 $l_1$ 和 $l_2$ 各自的角度和角速度的输出结果。图4-4（a）和（b）显示了运用本章中所提出的控制方法，连杆 $l_1$ 和 $l_2$ 各自的角度和角速度的输出结果。从图4-3和图4-4可以看出，本章所提出的控制策略的跟踪效果优于文献［20］采用的方法。具体来说，通过应用本章提出的方法，机器人手臂的两个连杆的角度、角速度的跟踪响应时间分别减少了60%左右，就可以跟踪上期望的信号，更快的到达理想的跟踪轨迹，而且具有更好的鲁棒性。因此，该控制方法的有效性由两种方法的对比仿真得以验证。

## 4.6 本章小结

本章以两自由度的机器人手臂为具体对象，根据拉格朗日方程的方法建立其动态方程，用基于鲁棒右互质分解方法理论分解了系统模型并且设计稳定算子控制器，以确保系统的稳定性，然后用基于改进的指数趋近律的滑模控制方法来实现快速跟踪控制。最后的仿真结果验证了该方法是有效的。

## 参考文献


［1］刘金琨，孙富春. 滑模变结构控制理论及其算法研究与进展［J］. 控制理论与应用，2007，24（3）：407-418.

［2］穆效江，陈阳舟. 滑模变结构控制理论研究综述［J］. 控制工程，2007，14（1）：1-5.

［3］C. P. Tan，X. H. Yu，Z. H. Man. Terminal sliding mode observers for a class of nonlinear system［J］. Automatica，2010，46（8）：1401-1404.

［4］高为炳. 变结构控制的理论及设计方法［M］. 北京：科学出版社，1996.

［5］童克文，张兴，张昱. 基于新型趋近律的永磁同步电动机滑模变结构控制［J］. 中国电机工程学报，2008，28（21）：102-106.

[6] D. Deng, A. Inoue and K. Ishikawa. Operator-based nonlinear feedback control design using robust right coprime factorization [J]. IEEE Transactions on Automatic Control, 2006, 51 (4), 645-648.

[7] 温盛军，毕淑慧，邓明聪. 一类新非线性控制方法：基于演算子理论的控制方法综述 [J]. 自动化学报，2013，39 (11)：1812-1819.

[8] M. Deng, A. Wang. Robust nonlinear control design to an ionic polymer metal composite with hysteresis using operator based approach [J]. IET Control Theory & Applications, 2012, 6 (17), 2667-2675.

[9] M. W. Spong, M. Vidyasagar. Robust linear compensator design for nonlinear robotic. IEEE Journal of Control [J]. Robotics and Automation, 1987, 3 (4): 345-351.

[10] K. K. Young. Controller design for a manipulator using theory of variable structure systems. IEEE Transactions on Systems [J]. Man and Cybernetics, 1978, 8 (2): 101-109.

[11] Y. Stepanenko, Y. Cao, C. Y. Su. Variable structure control of robotic manipulator with PID sliding surfaces [J]. International Journal of Robust and Nonlinear Control, 1998, 8 (1): 79-90.

[12] M. Zhihong, A. P. Paplinski, H. R. Wu. A robust MIMO terminal sliding mode control scheme for rigid robotic manipulators [J]. IEEE Transactions on Automatic Control, 1994, 39 (12): 2464-2469.

[13] J. J. E. Slotine, W. Li. On the adaptive control of robot manipulators [J]. The International Journal of Robotics Research, 1987, 6 (3): 49-59.

[14] S. N. Singh. Adaptive model following control of nonlinear robotic systems [J]. IEEE transactions on automatic control, 1985, 30 (11): 1099-1100.

[15] P. Herman, D. Franelak. Robust tracking controller with constraints using generalized velocity components for manipulators [J]. Transactions of the Institute of Measurement and Control, 2008, 30 (2): 101-113.

[16] A. A. Ata. Optimal trajectory planning of manipulators: a review [J]. Journal of Engineering Science and Technology, 2007, 2 (1): 32-54.

[17] S. Devasia. Nonlinear minimum-time control with pre- and post-actuation [J]. Automatica, 2011, 47 (7): 310-314.

[18] V. Arakelian, J. L. Baron, and P. Mottu. Torque minimisation of the 2-DOF serial manipulators based on minimum energy consideration and optimum mass redistribution [J]. Mechatronics, 2011, 21 (1): 310-314.

[19] G. Simmons, Y. Demiris. Optimal robot arm control using the minimum variance model [J]. Journal of Robotic Systems, 2005, 22 (11): 677-690.

[20] N. Kumara, V. Panwarb, N. Sukavanamc, S. p. Sharmac, J. H. Borma. Neural network-based nonlinear tracking control of kinematically redundant robot manipulators [J]. Mathematical and Computer Modelling, 2011, 53 (9): 1889-1901.

[21] C. Chiena, A. Tayebib. Further results on adaptive iterative learning control of robot manipulators [J]. Automatica, 2008, 44 (3): 830-837.

[22] P. Tomei. Adaptive PD controller for robot manipulators [J]. IEEE Transactions on Robotics and Automation,

1991, 7 (4): 565-570.

[23] T. Sun, H. Pei, Y. Pan, H. Zhou, C. Zhang. Neural network-based sliding mode adaptive control for robot manipulators [J]. Neurocomputing, 2011, 74 (14): 2377-2384.

[24] F. Moldoveanu, V. Comnac, D. Floroian, C. Boldisor. Trajectory tracking control of a two-link robot manipulator using variable structure system theory [J]. Control Engineering and Applied Informatics, 2005, 7 (3): 56-62.

[25] 江坤, 张井岗. 一种新的基于模糊趋近律的滑模控制方法 [J]. 系统仿真学报, 2002, 14 (7): 964-967.

[26] 刘红俐, 张鹏, 朱其新, 等. 基于新型趋近律的积分模糊滑模控制及其在 PMSM 控制中的应用 [J]. 航天控制, 2014 (6): 81-87.

[27] 赵浚哲. 一种基于新型趋近律的 PMSM 滑模 SVPWM 控制系统的设计 [J]. 大电机技术, 2018, 2: 17-21.

[28] 褚健, 王骥程. 非线性系统的鲁棒性分析 [J]. 信息与控制, 1990, 4 (12): 29-32.

[29] 冯纯伯, 张侃健. 非线性系统的鲁棒控制 [M]. 北京: 科学出版社, 2004.

[30] 梅生伟, 申铁龙, 刘康志. 现代鲁棒控制理论与应用 [M]. 北京: 清华大学出版社, 2008.

[31] A. Wang, M. Deng. Operator-based robust nonlinear tracking control for a human multi-joint arm-like manipulator with unknown time-varying delays [J]. Applied Mathematics & Information Sciences. 2012, 6 (3): 459-468.

[32] A. Wang, D. Wang, H. Wang, S. Wen, M. Deng. Nonlinear perfect tracking control for a robot arm with uncertainties using operator-based robust right coprime factorization approach [J]. Journal of Robotics and Mechatronics, 2015, 27 (1), 49-56.

[33] A. Wang, M. Deng. Operator-based robust control design for a human arm-like manipulator with time-varying delay measurements [J]. International Journal of Control, Automation, and Systems, 2013, 11 (6), 1121.

[34] A. Wang, M. Deng. Operator-based robust nonlinear control for a manipulator with human multi-joint arm-like viscoelastic properties [J]. SICE: Journal of Control, Measurement, and System Integration, 2012, 5 (5), 296-303.

[35] A. Wang, M. Deng. Robust nonlinear multivariable tracking control design to a manipulator with unknown uncertainties using operator-based robust right coprime factorization [J]. Transactions of the Institute of Measurement and Control, 2013, 35 (6), 788-797.

# 第5章 基于鲁棒右互质分解和算子理论观测器的精确跟踪控制

## 5.1 基于算子观测器的鲁棒精确跟踪控制

基于鲁棒右互质分解技术设计的控制系统中，如果满足一定的条件，可以实现鲁棒稳定[1~3]。但是，由于模型存在不确定性和外界扰动，很难找到可以直接描述的控制器实现精确跟踪控制，本章将通过设计可以实现的状态算子控制器研究精确的跟踪控制。

## 5.2 机器人手臂鲁棒非线性精确跟踪控制

机器人手臂作为典型的非线性系统，不仅具有多个输入多个输出，而且在其输入输出之间具有耦合现象[4~30]。为了应用基于演算子的鲁棒右互质分解技术，应用压缩原理将耦合影响等效成为不确定性的因素，得到具有不确定性的多输入多输出的非线性动力学模型。首先研究了如何通过标称模型与真实模型设计观测器来抑制不确定性的影响。设计基于标称模型的稳定控制器，来抑制不确定性的影响，使其等效的模型 $P^*=P$，在这里控制器 $S$ 和 $R$ 的可行性将为论证。其次，设计控制器 $A$ 和 $B$，并且根据基于鲁棒右互质分解的鲁棒稳定条件 $(AN+BD=I)$ 进行鲁棒稳定性分析。

对于含有不确定性的机器人手臂，通过使用鲁棒右互质分解和前置算子方法，提出基于演算子理论的鲁棒跟踪控制框图。图 5-1 中的鲁棒非线性跟踪控制结构框图，整体模型是$\widetilde{P}=(\widetilde{P}_1,\ \widetilde{P}_2)$，其中包括两个部分，标称模型 $P_1=(P_1,\ P_2)$ 以及不确定模型 $\Delta P_1=(\Delta P_1,\ \Delta P_2)$，也就是说$\widetilde{P}=P+\Delta P$。假设标称模型 $P$ 和整体模型$\widetilde{P}$ 都有右分解，即 $P_i=N_iD_i^{-1}(i=1,\ 2)$ 和 $\widetilde{P}_i=P_i+\Delta P_i=(N_i+\Delta N_i)D_i^{-1}\ (i=1,\ 2)$，相应地，$N_i$、$\Delta N_i$ 和 $D_i^{-1}\ (i=1,\ 2)$ 是稳定的算子。$D_i$ 是可逆的，$\Delta N_i$ 是未知的，但是其上下界是已知的[31~38]。$r=(\theta_{1d},\ \theta_{2d})$ 和 $y=(\theta_1,\ \theta_2)$

分别是参考输入和模型输出，对应 $u=(u_1, u_2)$ 是关节力矩的控制输入。算子控制器 $S$ 和 $R$ 被设计用来抑制模型的不确定性的影响。$u^*=(u_1{}^*, u_2{}^*)$ 是等价模型 $P^*$ 的输入。$A$ 和 $B$ 分别是算子控制器，且 $B$ 是稳定且可逆的线性算子控制器。下面将解释如何设计算子控制器 $S$ 和 $R$ 来抑制不确定性的影响，并且如何设计算子控制器 $A$ 和 $B$ 来保证鲁棒稳定跟踪。

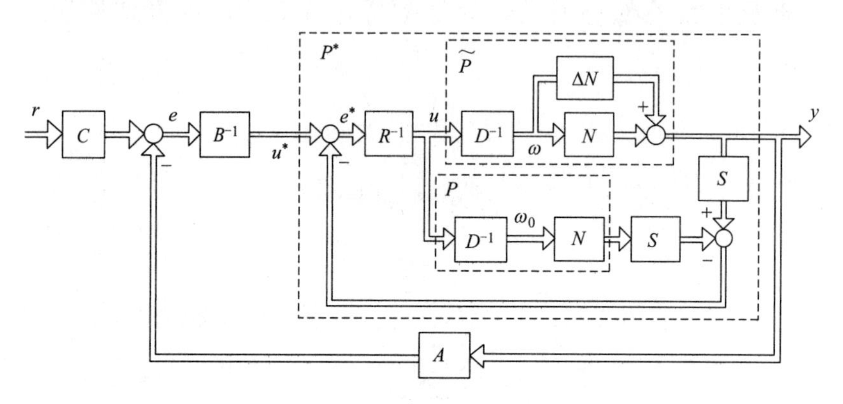


图 5-1　机器人手臂系统的跟踪控制图

### 5.2.1　算子观测器

由于不确定模型 $\Delta P$ 的未知导致很难设计算子控制器来获得理想性能。为了解决这一问题，基于演算子的理论，算子观测器作为鲁棒非线性控制系统的一部分被设计出来，并且显示如图 5-2 所示，且满足：

$$e^*(t)=u^*(t)-S(N+\Delta N)(\omega)(t)+SN(\omega_0)(t)=RD(\omega_0)(t) \tag{5-1}$$

也就是说，

$$u^*(t)-S(N+\Delta N)(\omega)(t)=(RD-SN)(\omega_0)(t) \tag{5-2}$$

因此，图 5-2 中的方框图等效于图 5-3。

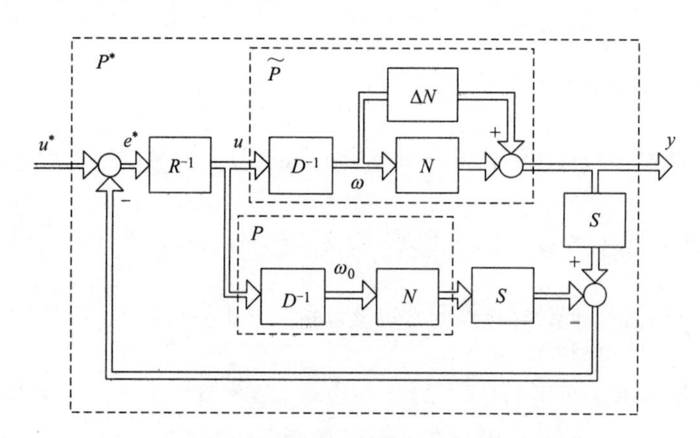


图 5-2　基于算子理论的非线性反馈控制框图

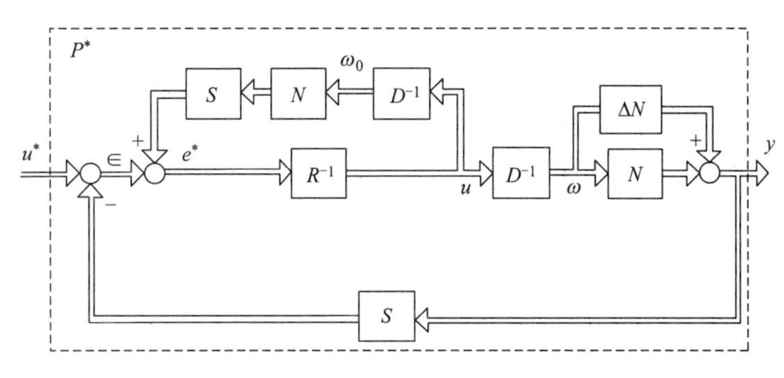


图 5-3　图 5-2 等效框图

基于 Lipschitz 算子的概念和压缩映射定理，根据下面的条件设计算子控制器 $S$ 和 $R$，可以抑制不确定性的影响。

提出的含有不确定性的非线性控制系统如图 5-2 所示，如果：

$$\begin{cases} SP = I \\ R = I \end{cases} \tag{5-3}$$

这个新的等价模型 $P^* = P$，不确定性的影响被抑制，这里的 $I$ 是单模算子。

**证明**：对于如图 5-3 所示的非线性反馈系统，如果可以满足式（5-3）中的条件，可以推出：

$$u^*(t) - S(y)(t) + SND^{-1}(u)(t) = R(u)(t) \tag{5-4}$$

即：

$$\begin{aligned} u^*(t) &= S(y)(t) - SP(u)(t) + R(u)(t) \\ &= P^{-1}(y)(t) - I(u)(t) + I(u)(t) \\ &= P^{-1}(y)(t) \end{aligned}$$

式中：$y(t) = P(u^*)(t)$；并且新的等价模型 $P^* = P$，不确定性的影响被抑制，证明完毕。

### 5.2.2　跟踪控制设计

提出的含有不确定性的鲁棒非线性精确跟踪控制框图，如图 5-4 所示，如果：

$$AN + BD = M \in u(W,\ U) \text{ 且 } NM^{-1}C = I \tag{5-5}$$

那么既可以保证系统的鲁棒稳定，而且可以保证跟踪性能。

**证明**：根据条件（5-5），图 5-1 可以等效成图 5-4。根据文献［5］给出的鲁棒稳定条件，我们可以发现，如果 $AN + BD = M \in u(W,\ U)$ 是单模算子，鲁棒稳定条件可以得到满足。

此外，如果 $AN+BD=M\in u(W,\ U)$ 是单模算子，那么图 5-4 可以等效成为图 5-5。对于图 5-3 显示的鲁棒非线性精确跟踪控制系统，如果满足条件（5-5），则：

$$\begin{aligned}y(t)&=NM^{-1}C(r)(t)\\&=I(r)(t)\\&=r(t)\end{aligned}$$

这样，模型的输出 $y$ 可以跟踪参考输入 $r$，证明完毕。

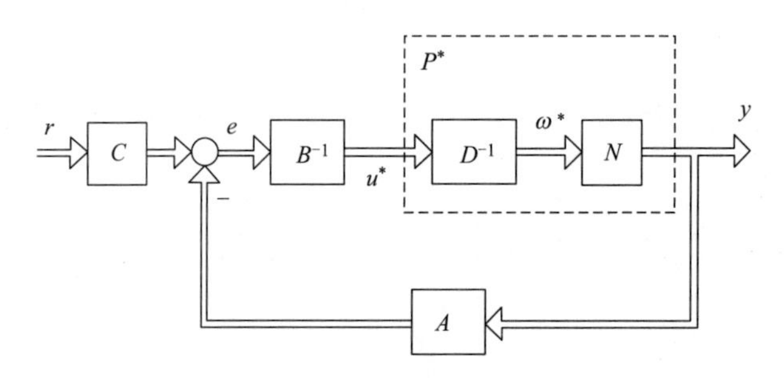


图 5-4　图 5-1 的等效框图

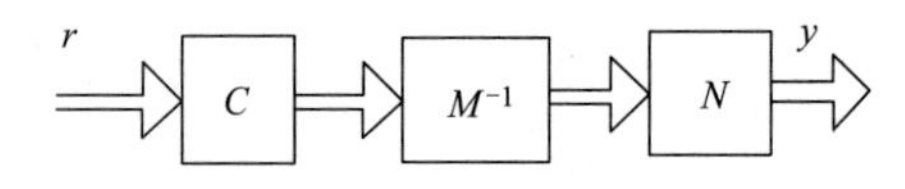


图 5-5　图 5-4 的等效框图

根据定理 1 和定理 2，我们可以发现，不确定因素的影响可以通过本章提出的算子观测器来抑制。鲁棒稳定可以通过设计基于算子的稳定控制器 $A$ 和 $B$ 来保证，跟踪性能可以通过设计 PI 系统得以保证。

### 5.2.3　算子控制器设计

图 5-1 的框图可以等效为图 5-4。根据 Bezout 恒等式 $A_iN_i+B_iD_i=I_i$，$(i=1,\ 2)$，稳定的算子控制器可以得到如下：

$$B_i(\tau_i)(t)=\beta_i\tau_i,\ i=1,\ 2 \tag{5-6}$$

$$A_i(\theta_i)(t)=\theta_i(t)-\beta_i\{I_i[\theta(t)]\}\ddot{\theta}_i(t)+H_i[\dot{\theta}(t),\ \theta(t)],\ i=1,\ 2 \tag{5-7}$$

式中：$\beta_i$ 是设计的参数。

根据设计出的右分解算子 $N_i(\omega_i)(t)$，$D_i(\omega_i)(t)$ 和 $B^{-1}(e)(t)$，下面的等式成立：

$$M_i=A_iN_i+B_iD_i=\omega_i(t),\ i=1,\ 2 \tag{5-8}$$

式中：$M_i$ 是单模算子，因此，在 $NM^{-1}C=I$ 条件满足情况下，输出 $y=(y_1,\ y_2)$ 可以跟踪参考

输入 $r=(\theta_{1d},\ \theta_{2d})$。下面设计跟踪控制器 $C$，即 PI 跟踪控制器，即比例积分控制器，形式如下：

$$C_i = K_{\alpha i}\tilde{e}_t(t) + K_{\beta i}\int_0^t \tilde{e}_i(\tau)d\tau \tag{5-9}$$

$$K_{\alpha i} = \begin{Bmatrix} k_{\alpha 1} & 0 \\ 0 & k_{\alpha 2} \end{Bmatrix} \tag{5-10}$$

$$K_{\beta i} = \begin{Bmatrix} k_{\beta 1} & 0 \\ 0 & k_{\beta 2} \end{Bmatrix} \tag{5-11}$$

式中：$K_{\alpha i}$，$K_{\beta i}$，$i=1$，2 是设计的参数；$K_{\beta i}$ 是积分系数；$K_{\alpha i}$ 是比例系数。

本方法的主要亮点：首先，扩展了文献［5］的实现方式，即得到精确跟踪。第二，考虑到不确定模型 $\Delta P$ 是未知的情况下，推导出来有限制的所谓的通用条件，即在满足 $NM^{-1}C=I$ 的条件下，输出 $y=(y_1,\ y_2)$ 可以跟踪参考输入 $r=(\theta_1,\ \theta_2)$。在本章中，通过设计算子观测器和满足给定条件（5-5），不确定性影响被抑制。精确跟踪可以由公式（5-7）来到保证。

### 5.2.4 仿真与结果分析

为了验证上述方法可以有效地抑制了非线性系统中存在的不确定模型的影响，并且实现精确跟踪的控制效果，本章的仿真对象仍然以两连杆的机器人手臂为模型[31]。其物理和结构参数分别为：

$$l_1 = 0.29(m),\ l_2 = 0.34(m) \tag{5-12}$$

$$Z_1 = 0.4507,\ Z_2 = 0.1575,\ Z_3 = 0.1530 \tag{5-13}$$

机器人手臂的标称模型已经给出。然而在实际控制中，无法获得 $l_i$、$l_{gi}$ 和 $m_i$ 的真实值，即结构参数 $Z_i$ 是未知的。因此，在仿真中，机器人手臂的不确定参数当作：

$$Z_i = Z_i^* \pm \Delta Z_i^*,\ \Delta = 0.5 \tag{5-14}$$

式中：$Z_i^*$ 被假设成真实值。此外，扰动为：

$$\tau_d = 0.5 + 0.05\times\sin(100\pi t) \tag{5-15}$$

扰动和不确定的结构参数被归纳成 $\Delta N$。仿真中，角速度的初始条件是：

$$\theta(0) = [\theta_1(0),\ \theta_2(0)]^T = (60^0,\ 30^0)^T \tag{5-16}$$

角加速度的初始条件是：

$$\theta(0) = [\theta_1(0),\ \theta_2(0)]^T = (0,\ 0)^T \tag{5-17}$$

在仿真中，设计的参考轨迹是半圆形的轨迹：

$$x_d^2 + y_d^2 = 0.36(y_d \geqslant 0) \tag{5-18}$$

从起始位置 $(x_d, y_d) = (0.6, 0)(m)$ 运动到终点位置 $(x_d, y_d) = (-0.6, 0)(m)$，这里笛卡尔变量 $(x, y)$ 和关节角度 $(\theta_1, \theta_2)$ 的关系在文献［28］中有所描述。图 5-6（a）中显示的是通过使用上一章提出的控制理论方法仿真得到的端点位置的跟踪结果，端点轨迹的误差跟踪 $\sqrt{(x - x_d)^2 + (y - y_d)}$ 显示在图 5-6（b）中。图 5-7（a）中显示的是使用本章提出的控制方法的仿真方法得到的端点位置跟踪结果，端点轨迹的误差跟踪显示在图 5-7（b）中。

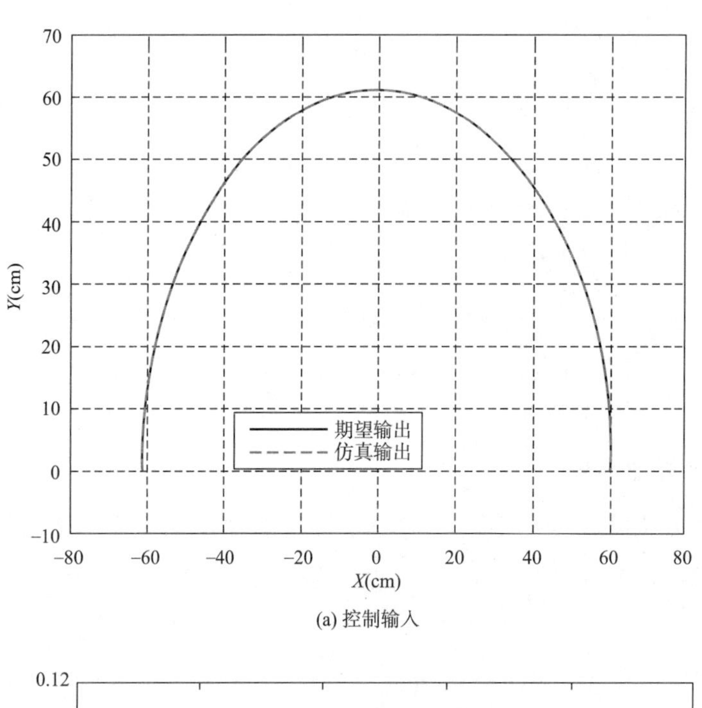


(a) 控制输入

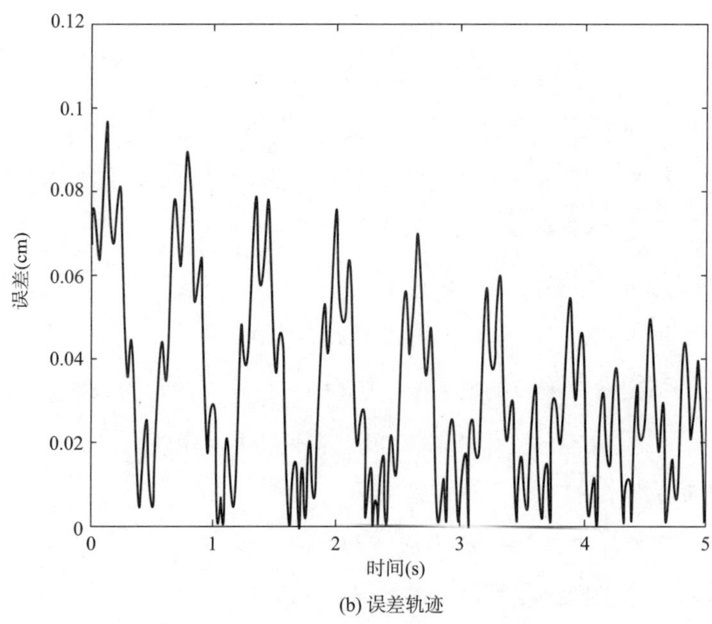


(b) 误差轨迹

图 5-6 使用第四章方法得到的仿真结果

通过分析图 5-6 和图 5-7，我们可以发现基于建议方法的仿真轨迹比使用上章节提出的方法的仿真轨迹更为平滑，机器人手臂的末端轨迹的误差减小了 75%，实现了精确跟踪控制。

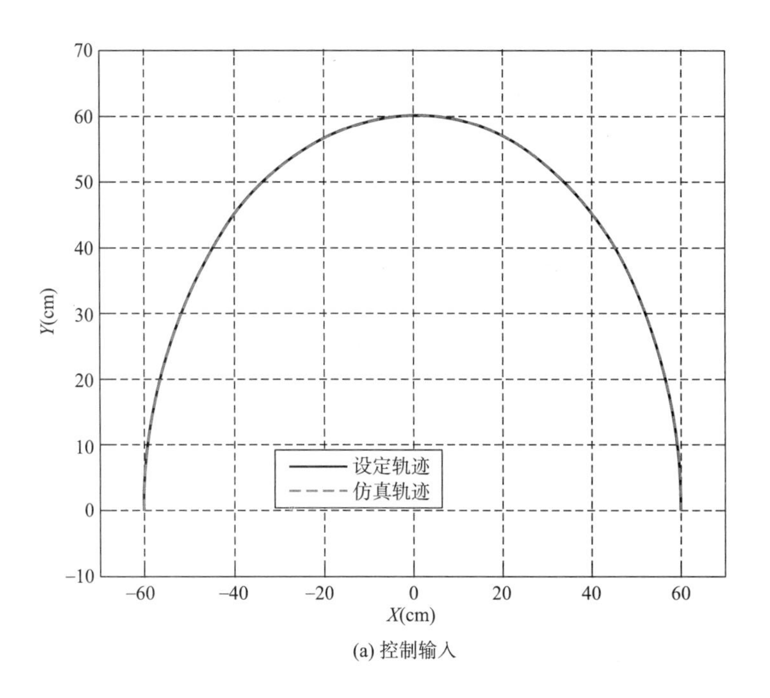


(a) 控制输入

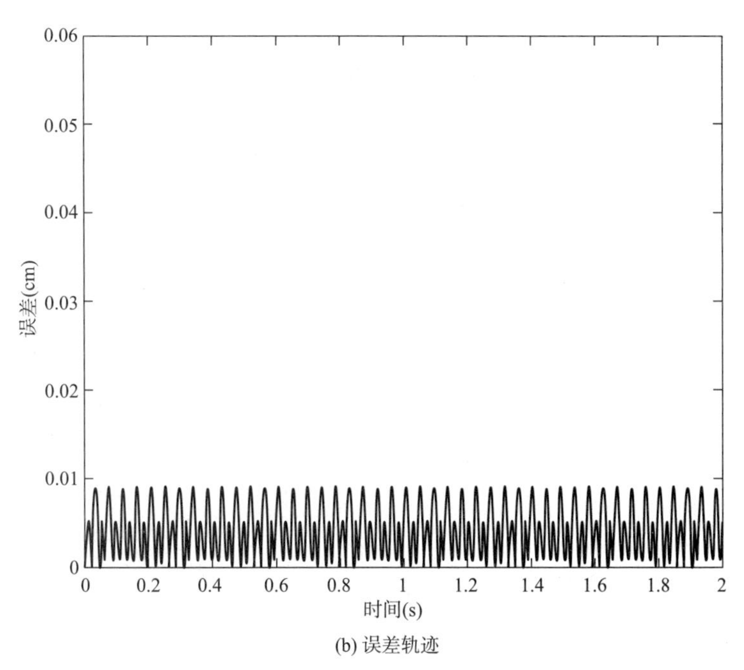


(b) 误差轨迹

图 5-7　使用本文提出的方法得到的仿真结果

# 5.3 半导体制冷装置鲁棒精确跟踪控制

## 5.3.1 半导体制冷系统模型建立

半导体制冷板各部分具体尺寸如下图 5-8 所示。根据对象所建立的数学模型为运用物理学定理建立的铝板热过程模型，遵循了能量守恒定律。所用到的物理定理如：傅里叶定律、牛顿冷却定理等[39,40]。

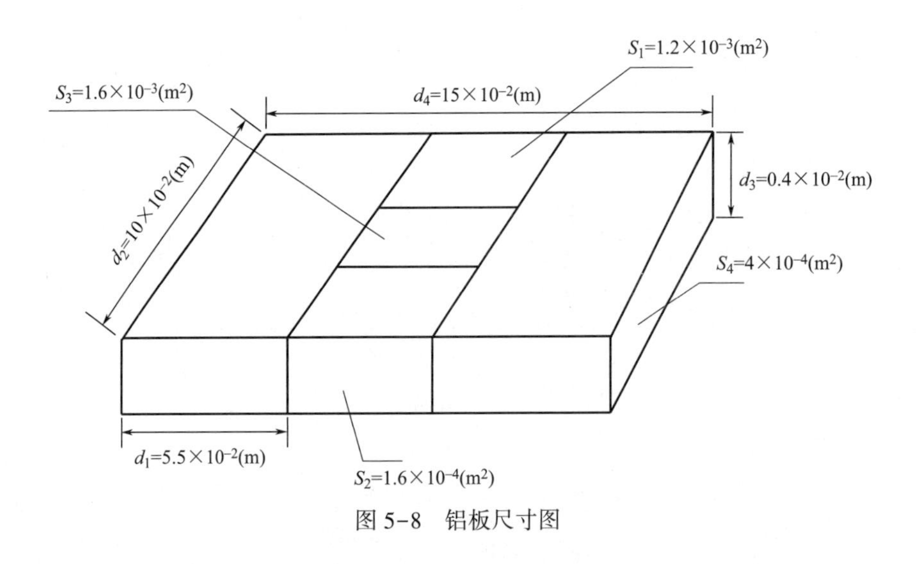


图 5-8　铝板尺寸图

（1）傅里叶定律：在热量传导的阶段中，每秒经过预先选取的截面积的热量与该截面法向方向上温度变化率及给定的截面面积成正比，且热量从高温处传向低温处。数学表现形式：$q=-\lambda\dfrac{\mathrm{d}T}{\mathrm{d}x}$，式中 $q$ 是热流密度（$\mathrm{W/m^2}$），$\lambda$ 是导热系数（W/mK），$\dfrac{\mathrm{d}T}{\mathrm{d}x}$是温度梯度（K/m）。

（2）牛顿冷却定律：该定律用于描述高于环境温度的物体向环境传热并逐步冷却时所满足的规律。当所研究物体与环境具有温差时，在单位时间和面积上热量从高温物体向环境散发的热量与温差值成正比，比例系数叫作热传递系数。该定律主要是牛顿通过实验建立的，实验时在温差不大且强制对流的情况下能够比较好地符合。作为传热学的一个基本定律，它主要的功能是计算对流热量的值。公式为 $q=\alpha\Delta T$，$\alpha$ 是空气的传热系数（$\mathrm{W/m^2K}$），$\Delta T$ 是初始温度与期望温度之间的温差。

（3）比热容定律：单位质量的某种物质，在温度上升 1 摄氏度的时候所汲取的热量就被叫作是它的比热容，通常用符号 $c$ 表示。在国际单位制里面，比热的单位为［J/（kg · K）］，也可以是［J/（kg · ℃）］。它的数学表达式：$Q=cm\Delta T$，$Q$ 指的是热量；$m$ 为所研究物体的质量，$\Delta T$ 为物体在经过热量变化后温度的改变量。

（4）热传导定律：在温度非均匀分布的物体中，因温度的差别会形成热传导。物体中耗散的能量满足数学关系：$Q=K\Delta T$。在珀尔贴热量耗散的传热过程的研究中，$K$ 是热导率（W/K），$\Delta T$ 是各部位的温度差（K）。

（5）焦耳定律：该定律对传导电流发热情况做了定量的说明。它所涵盖的内容为：传导电流经过导体时所生成的热量与电流大小的平方、通电时间都成正比，与导体的电阻成反比。其数学表现形式是：$Q=i^2R$。针对珀尔贴元件而言，里面的 $R_p$ 表示的是它的电阻（Ω）。

铝板中心位置向其两侧传递的热量为：

$$Q_1=\frac{-2\lambda(T_0-T_x)S_4}{d_1} \tag{5-19}$$

从傅里叶定律可知，铝板和空气之间因为对流而产生的热量为：

$$Q_2=-\alpha(T_0-T_x)(2S_1+2S_2+S_3) \tag{5-20}$$

根据热传导定律、焦耳定律可知珀尔贴元件总共汲取的热量：

$$Q_3=S_pT_ii-K(T_h-T_l)-\frac{1}{2}R_pi^2 \tag{5-21}$$

从比热容定律可以明确铝板热量的变化量：

$$Q_4=\frac{d(T_0-T_x)mc}{dt} \tag{5-22}$$

根据热量守恒可知：

$$Q_4=Q_1+Q_2+Q_3 \tag{5-23}$$

则有：

$$\frac{d(T_0-T_x)mc}{dt}=u_d-\alpha(T_0-T_x)(2S_1+2S_2-S_3)-\frac{-2\lambda(T_0-T_x)S_4}{d_1} \tag{5-24}$$

解得本文对象的模型：

$$y(t)=\frac{1}{cm}e^{-st}\int e^{st}u_d(\tau)\mathrm{d}\tau \tag{5-25}$$

式中：$s=\dfrac{\alpha\ (2S_1+2S_2-S_3)\ +\dfrac{2\lambda S_4}{d_1}}{cm}$；铝板温度的变化量 $y\ (t)\ =T_0-T_x$；控制输入 $u_d=S_pT_ii-K\ (T_h-T_l)\ -\frac{1}{2}R_pi^2$，也就是前文中所提到的 $Q_3$ 部分，其中，$S_pT_1i$ 是珀尔贴效应所产生的从吸热面到放热面热量的总体变化量，$K(T_h-T_l)$ 是不同面温差的热传导，$\frac{1}{2}R_pi^2$ 为输入电流对珀尔贴产生的焦耳热。模型中，电流为输入，温度差为输出。

### 5.3.2 鲁棒精确跟踪控制系统设计

根据需求，本节首先研究了如何利用标称系统与真实系统对观测器进行设计，设计了两个稳定算子控制器：状态观测器 $S$ 和扰动观测器 $R$，以消除不确定部分对系统造成的影响，使 $\widetilde{P}$ 等效成标称系统；其次，设计两个满足 Bezout 等式的稳定的算子控制器 $A$、$B$，保证系统的鲁棒稳定性；最后，设计精确跟踪控制器 $C$，令系统的输出精确跟踪上其参考输入。

图 5-9 是本节提出的反馈控制系统结构的框架。其中，真实系统为 $\widetilde{P}$，它包含了两个部分：标称系统 $P$ 及不确定部分 $\Delta P$。即 $\widetilde{P}=P+\Delta P$。$P$ 和 $\widetilde{P}$ 分别有右分解：$P=ND^{-1}$，$\widetilde{P}=(N+\Delta N)\ D^{-1}$。其中，$N$，$\Delta N$，$D$ 都是稳定算子，$D$ 可逆，$\Delta N$ 不明确，但是它的上下界是给出了的。$r$ 是系统的参考输入，$y$ 称为系统的实际输出。$S$ 和 $R$ 分别为基于算子理论的状态观测器及基于算子理论的扰动观测器，它们的设计是为了消除系统不确定性对实现精确跟踪控制造成的影响，$u^*$ 是等效部分 $P^*$ 的输入。$A$、$B$ 为算子控制器，$B$ 是稳定线性控制算子且 $B$ 可逆。

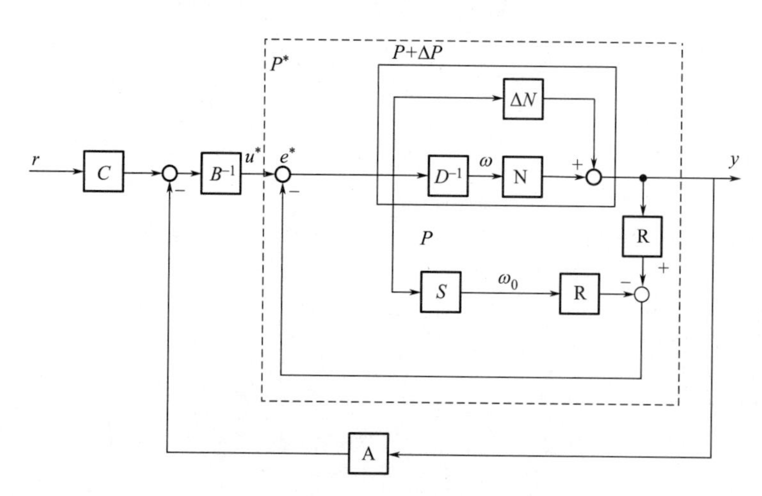


图 5-9　鲁棒稳定精确跟踪控制系统

(1) 算子观测器的设计。不确定部分的未知性使得系统难以设计控制器，无法使系统拥有比较理想的性能。因此，本节设计了图 5-9 中 $P^*$ 所示的这一块，也就是精确跟踪控制系统的一部分，如图 5-10 所示。

当基于算子理论的状态观测器 $S$ 及基于算子理论的扰动观测器 $R$ 满足条件：

$$S = ND^{-1}RP = I \tag{5-26}$$

时，$P^*$ 等效成标称系统 $P$，系统里面的不确定部分得以消除。其中，$I$ 为单模算子。

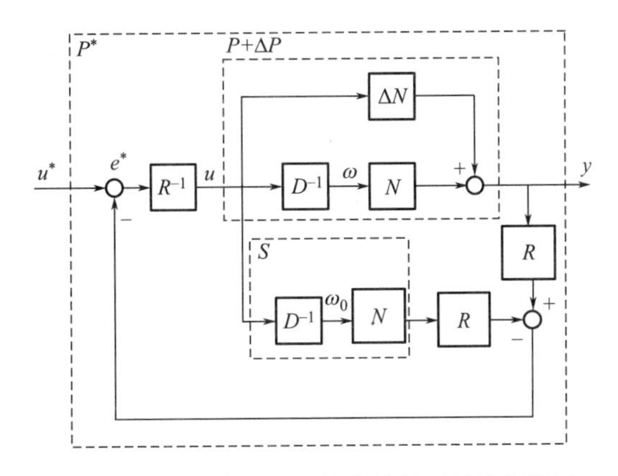


图 5-10　基于算子理论的非线性反馈控制结构

**证明：**

如图 5-10 所示，为 $P^*$ 部分。对图 5-10 中涉及的带有不确定部分的非线性控制结构，有：

$$e^*(t)=u^*(t)-R(N+\Delta N)(\omega)(t)+RN(\omega_0)(t)=D(\omega_0)(t) \tag{5-27}$$

则：

$$u^*(t)-R(N+\Delta N)(\omega)(t)=(D-RN)(\omega_0)(t) \tag{5-28}$$

那么，图 5-10 可以等效为图 5-11。

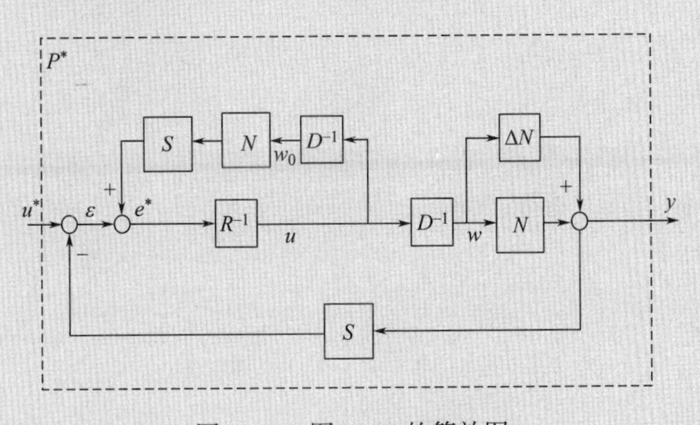


图 5-11　图 5-10 的等效图

对图 5-11 中的非线性反馈结构，若可以符合式（5-26）中的条件，有：

$$u^*(t)-R(y)(t)+RND^{-1}(u)(t)=I(u)(t) \tag{5-29}$$

即：

$$\begin{aligned}u^*(t)&=R(y)(t)-RP(u)(t)+I(u)(t)\\&=P(y)(t)-I(u)(t)+I(u)(t)\\&=P^{-1}(y)(t)\end{aligned}$$

则，$y(t)=P(u^*)(t)$，且有新的等效 $P^*=P=ND^{-1}$，那么，不确定性产生的副作用得以消除，证明完毕。

（2）精确跟踪控制器的设计。对于图 5-9 所示带有不确定部分的非线性控制系统来说，若：

$$AN+BD=M\in u(W,\ U) \tag{5-30}$$

则系统鲁棒稳定。在此基础上，若：

$$NM^{-1}C=I \tag{5-31}$$

那么，可以获得系统的精确跟踪性能。

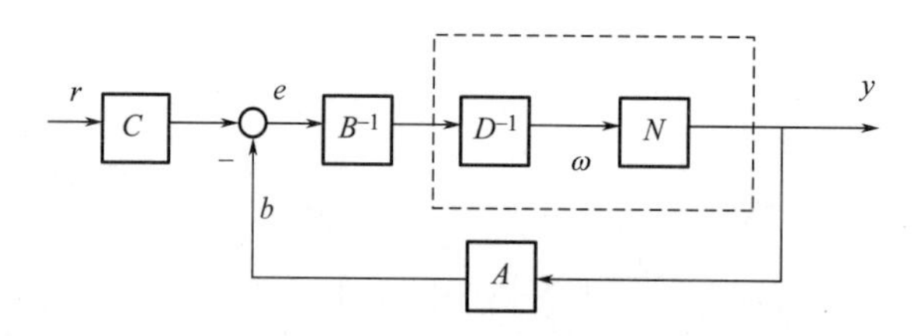


图 5-12　图 5-9 的等效图

**证明：**

依据条件式（5-26），图 5-10 等效为图 5-12。根据文献［1］中的鲁棒稳定条件，$AN+BD=M\in u\ (W,\ U)$ 是单模算子时，则该系统鲁棒稳定。

更进一步地，若 $AN+BD=M\in u\ (W,\ U)$ 为单模算子，则图 5-12 可等效为图 5-13 形式。

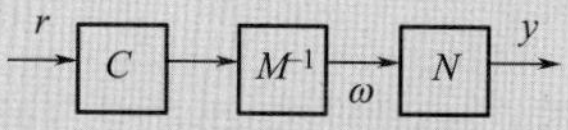

图 5-13　图 5-12 的等效图

若要使输出跟踪上参考输入，则需：

$$y(t)=I(r)(t) \tag{5-32}$$

对图 5-13 系统，显然有：

$$y(t)=NM^{-1}C(r)(t) \tag{5-33}$$

根据式（5-33），则需：

$$NM^{-1}C=I \tag{5-34}$$

论证完毕。

至此，精确跟踪控制器的设计得以实现。

根据式（5-26）、（5-30）及 $AN+BD=I$，得观测器：

$$R(y)(t)=cm\left[sy(t)+\frac{\mathrm{d}y(t)}{\mathrm{d}t}\right] \tag{5-35}$$

$$S(u_d)(t)=\frac{1}{cm}e^{-st}\int e^{st}u_d(\tau)\mathrm{d}\tau \tag{5-36}$$

根据鲁棒稳定条件，得稳定算子控制器：

$$A(y)(t)=(1-\beta)\left[sy(t)+\frac{\mathrm{d}y(t)}{\mathrm{d}t}\right] \tag{5-37}$$

$$B(u_d)(t)=\frac{\beta}{cm}u_d(t) \tag{5-38}$$

式中：$\beta$ 为设计的可调的参数。

根据右分解算子 $N$（$\omega$）（$t$）、$D$（$\omega$）（$t$），算子控制器 $A$（$y$）（$t$）、$B$（$u_d$）（$t$），可以得到：

$$M=AN+BD=\omega \tag{5-39}$$

若要满足精确跟踪性能，由式（5-39）可知，只要满足条件 $CN=I$ 即可。根据式（5-30）、（5-31），得精确跟踪控制器：

$$C(r)(t)=\left[sr(t)+\frac{\mathrm{d}r(t)}{\mathrm{d}(t)}\right] \tag{5-40}$$

从以上两个定理中我们可以看到，半导体制冷系统的不确定部分通过基于算子理论的观测器 $S$、$R$ 得以消除。稳定的算子观测器 $A$、$B$ 保证了这个单输入单输出（SISO）系统的鲁棒稳定性，精确跟踪控制器 $C$ 使得系统输出跟踪上了参考输入。

### 5.3.3　仿真与结果分析

为了说明该方法的有效性，对铝板与珀尔贴组成的半导体制冷装置利用 Matlab 软件进行了仿真。模型所用的参数列于表 5-1。

表 5-1　模型参数

| | |
|---|---|
| $T_0$ | 外部温度（K） |
| $T_l$ | 吸热面温度（K） |
| $T_h$ | 放热面温度（K） |
| $T_x$ | 传感器温度（K） |
| $i$ | 电流（A）（输入）2.2（A）或 0（A） |
| 塞克尔常数 | $S$=0.053（V/K） |

续表

| | |
|---|---|
| 珀尔帖热导率 | $K=0.63$（W/K） |
| 珀尔帖电阻 | $R=5.5$（Ω） |
| 铝板导热系数 | $\lambda=238$（W/mK） |
| 空气热传导系数 | $\alpha=15$（$W/m^2K$） |
| 铝比热容 | $c=900$（J/kgK） |
| 铝板质量 | $m=0.163$（kg） |
| 珀尔帖比热容 | $c_2=160$（J/kgK） |
| 珀尔帖质量 | $m_2=0.01$（kg） |

表 5-2 及表 5-3 给出了本文使用的仿真参数。铝板的初始温度和期望温度分别为 21.3℃和 18.3℃。模拟时，电流限制输入在 0~2.2A 之间。在模拟过程中，我们设置的参考输入 $r=3$，此为期望铝板利用珀尔贴元件下降的温度值，这意味着铝板最终需要比初始温度下降 3℃。制冷装置的模型不确定性及外部扰动均认为在 $\Delta N$ 中，且 $\Delta N=0.5+0.5\times\sin(100\pi t)$。

**表 5-2　仿真参数**

| | |
|---|---|
| $s_1$ | $1.2\times10^{-3}$（$m^2$） |
| $s_2$ | $1.6\times10^{-4}$（$m^2$） |
| $s_3$ | $1.6\times10^{-3}$（$m^2$） |
| $s_4$ | $4\times10^{-4}$（$m^2$） |

**表 5-3　仿真参数**

| | |
|---|---|
| 参考输入 | 3（℃） |
| 参数 $\beta$ | 0.8 |
| 初始温度 | 21.3（℃） |
| 仿真时间 | 600（s） |
| 采样时间 | 0.1（s） |

文献［40］运用了近似跟踪控制的方法。图 5-14 展示出了该方法的输入过程的仿真结果，图 5-15 展示出了其温度输出过程的仿真结果。运用本文提出的精确跟踪控制方法，图 5-16 展示出了控制输入下的仿真结果，图 5-17 展示出了输出的温度变化过程的仿真结果。通过对比，我们可以发现，两种方法均可使系统的鲁棒稳定性得以保证，跟踪性能也得

以实现。但是，本节提出方法的仿真轨迹要比根据在文献［40］中提出的方法的仿真轨迹更平滑，超调时间更短。因此，通过仿真结果可以证明，通过基于算子理论观测器的设计、精确跟踪控制器的设计，在非线性系统存在不确定部分的前提下，仍旧可以保证鲁棒稳定，并且实现跟踪性能，使半导体制冷装置快速、精准、稳定地下降到预期温度。

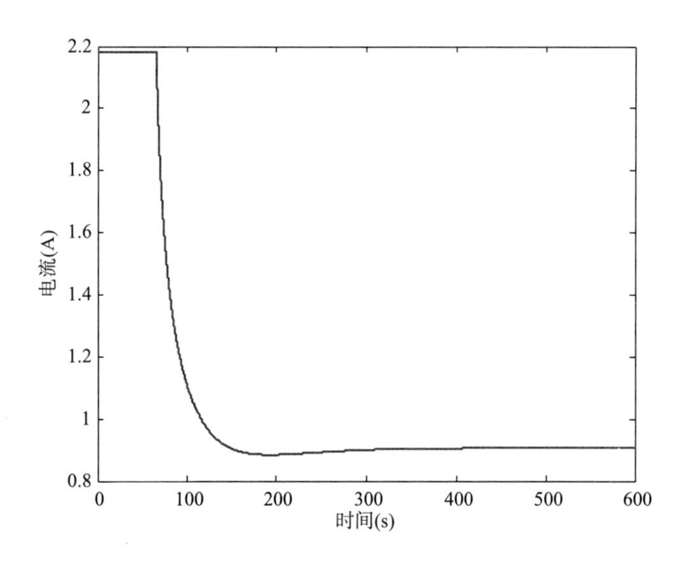


图 5-14　文献［40］输入过程

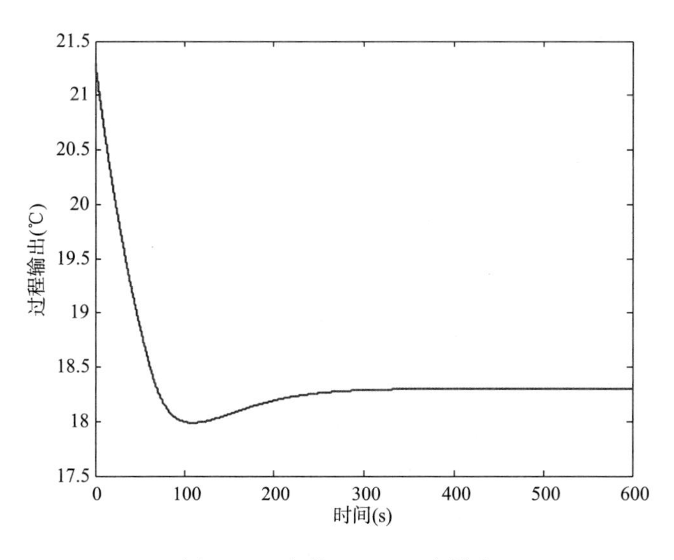


图 5-15　文献［40］温度输出

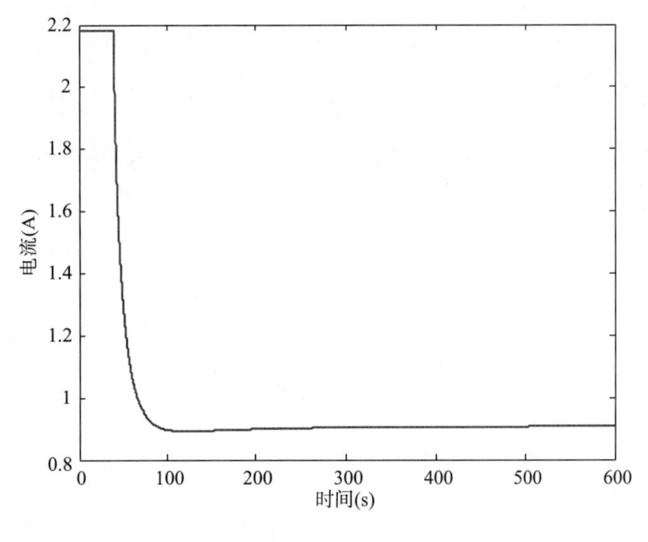


图 5-16 本文提出方案的输入过程

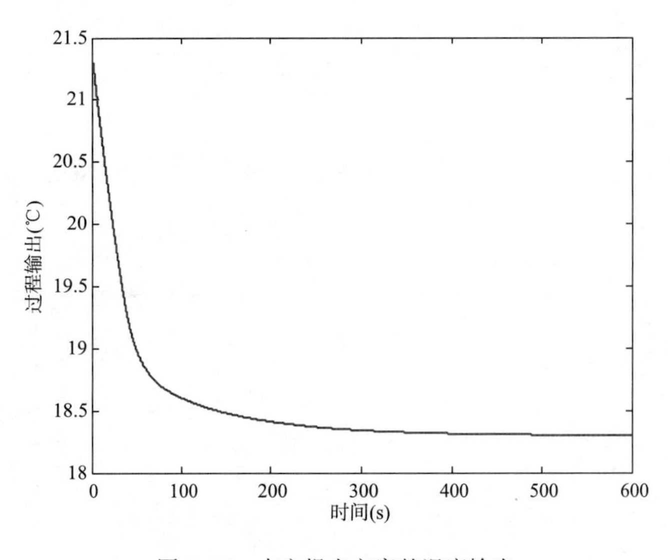


图 5-17 本文提出方案的温度输出

## 5.4 本章小结

本章主要对含有不确定性的机器人手臂和半导体制冷装置精确跟踪控制系统设计进行了研究。首先，以两自由度的刚性机器人手臂为具体的研究对象，设计一种基于算子观测器的鲁棒精确跟踪控制系统。首先通过基于鲁棒右互质分解方法设计了算子观测器，未知的不确定性的影响得到了有效地抑制。此外，为了改善机器人手臂的跟踪性能，推出了新的跟踪条件，以实现精确跟踪控制。最后，本章提出的方法的有效性是由 Matlab 仿真结果得到验证。接着，根据半导体制冷装置特性，设计了一个新的控制框架，并以算子理论为基础，设计了两个观测器，消除了不确定因素对系统造成的影响；同样以算子理论为基础，设计了两个控制器，提高了系统的控制性能；设计了一个精确跟踪控制器，达到了对对象输出的精确跟踪。

## 参考文献

[1] D. Deng, A. Inoue, K. Ishikawa. Operator-based nonlinear feedback control design using robust right coprime factorization [J]. IEEE Transactions on Automatic Control, 2006, 51 (4): 645-648.

[2] 温盛军，毕淑慧，邓明聪. 一类新非线性控制方法：基于演算子理论的控制方法综述 [J]. 自动化学报，2013，39 (11)：1814-1819.

[3] 温盛军，王瑷珲. 非线性算子控制及其应用 [M]. 北京：中国纺织出版社，2017.

[4] 蔡自兴. 机器人学 [M]. 北京：清华大学出版社，2000.

[5] 史先鹏，刘士荣. 机械臂轨迹跟踪控制研究进展 [J]. 控制工程，2011，18 (1)：116-122.

[6] M. W. Spong, M. Vidyasagar. Robust linear compensator design for nonlinear robotic [J]. IEEE Journal of Control. Robotics and Automation, 1987, 3 (4): 345-351.

[7] K. K. Young. Controller design for a manipulator using theory of variable structure systems. IEEE Transactions on Systems [J]. Man and Cybernetics, 1978, 8 (2): 101-109.

[8] Y. Stepanenko, Y. Cao, C. Y. Su. Variable structure control of robotic manipulator with PID sliding surfaces [J]. International Journal of Robust and Nonlinear Control, 1998, 8 (1): 79-90.

[9] M. Zhihong, A. P. Paplinski, H. R. Wu. A robust MIMO terminal sliding mode control scheme for rigid robotic manipulators [J]. IEEE Transactions on Automatic Control, 1994, 39 (12): 2464-2469.

[10] J. J. E. Slotine, W. Li. On the adaptive control of robot manipulators [J]. The International Journal of Robotics Research, 1987, 6 (3): 49-59.

[11] S. N. Singh. Adaptive model following control of nonlinear robotic systems [J]. IEEE transactions on automatic control, 1985, 30 (11): 1099-1100.

[12] 谢明江，代颖. 机器人鲁棒控制研究进展 [J]. 机器人，2000，22 (1)：73-80.

[13] P. Herman, D. Franelak. Robust tracking controller with constraints using generalized velocity components for manipulators [J]. Transactions of the Institute of Measurement and Control, 2008, 30 (2): 101-113.

[14] A. A. Ata. Optimal trajectory planning of manipulators: a review [J]. Journal of Engineering Science and Technology, 2007, 2 (1): 32-54.

[15] S. Devasia. Nonlinear minimum-time control with pre-and post-actuation [J]. Automatica, 2011, 47 (7): 310-314.

[16] V. Arakelian, J. L. Baron, P. Mottu. Torque minimisation of the 2-DOF serial manipulators based on minimum energy consideration and optimum mass redistribution [J]. Mechatronics, 2011, 21 (1): 310-314.

[17] G. Simmons, Y. Demiris. Optimal robot arm control using the minimum variance model [J]. Journal of Robotic Systems, 2005, 22 (11): 677-690.

[18] N. Kumara, V. Panwarb, N. Sukavanamc, S. p. Sharmac, J. H. Borma. Neural network-based nonlinear tracking control of kinematically redundant robot manipulators [J]. Mathematical and Computer Modelling, 2011, 53 (9): 1889-1901.

[19] C. Chiena, A. Tayebib. Further results on adaptive iterative learning control of robot manipulators [J]. Automatica, 2008, 44 (3): 830-837.

[20] P. Tomei. Adaptive PD controller for robot manipulators [J]. IEEE Transactions on Robotics and Automation, 1991, 7 (4): 565-570.

[21] T. Sun, H. Pei, Y. Pan, H. Zhou, C. Zhang. Neural network-based sliding mode adaptive control for robot manipulators [J]. Neurocomputing, 2011, 74 (14): 2377-2384.

[22] F. Moldoveanu, V. Comnac, D. Floroian, C. Boldisor. Trajectory tracking control of a two-link robot manipulator using variable structure system theory [J]. Control Engineering and Applied Informatics, 2005, 7 (3): 56-62.

[23] C. P. Tan, X. Yu, Z. Man. Terminal sliding mode observers for a class of nonlinear systems [J]. Automatica, 2010, 46 (8): 1401-1404.

[24] S. Islam, X. P. Liu. Robust sliding mode control for robot manipulators [J]. IEEE Transactions on Industrial Electronics, 2011, 58 (6): 2444-2453.

[25] 霍伟. 机器人动力学与控制 [M]. 北京: 高等教育出版社, 2005.

[26] T. Yoshikawa. Foundations of robotics: analysis and control. Massachusetts: The MIT Press, 1990.

[27] W. E. Dixon, M. S. de Queiroz, F. Zhang, D. M. Dawson. Tracking control of robot manipulators with bounded torque inputs [J]. Robotica, 1999, 17 (2): 121-129.

[28] Y. Oh, W. K. Chung. Disturbance-observer-based motion control of redundant manipulators using inertially decoupled dynamics [J]. IEEE Transactions on Mechatronics, 1999, 4 (2): 133-146.

[29] P. Herman, D. Franelak. Robust tracking controller with constraints using generalized velocity components for manipulators [J]. Transactions of the Institute of Measurement and Control, 2008, 30 (2): 101-113.

[30] 金琨. 机器人控制系统的设计与 MATLAB 仿真 [M]. 北京: 清华大学出版社, 2008.

[31] A. Wang, M. Deng. Robust nonlinear multivariable tracking control design to a manipulator with unknown uncertaintics using operator-based robust right coprime factorization [J]. Transactions of the Institute of Measurement and Control, 2013, 35 (6): 788-797.

[32] A. Wang, M. Deng. Operator-based robust nonlinear tracking control for a human multi-joint arm-like manipulator with unknown time-varying delays [J]. Applied Mathematics & Information Sciences. 2012, 6 (3):

459–468.

[33] A. Wang, Z. Ma, J. Luo. Operator–based robust nonlinear control analysis and design for a bio–inspired robot arm with measurement uncertainties [J]. Journal of Robotics and Mechatronics, 2019, 31 (1): 104–109.

[34] A. Wang, H. Yu, S. Cang. Bio–inspired robust control of a robot arm–and–hand system based on human visco-elastic properties [J]. Journal of the Franklin Institute, 2017, 345 (4): 1759–1783.

[35] A. Wang, D. Wang, H. Wang, S. Wen, M. Deng. Nonlinear perfect tracking control for a robot arm with uncertainties using operator–based robust right coprime factorization approach [J]. Journal of Robotics and Mechatronics, 2015, 27 (1): 49–56.

[36] A. Wang, M. Deng. Operator–based robust control design for a human arm–like manipulator with time–varying delay measurements [J]. International Journal of Control, Automation, and Systems, 2013, 11 (6): 1112–1121.

[37] M. Deng, A. Wang. Robust nonlinear control design to an ionic polymer metal composite with hysteresis using operator based approach [J]. IET Control Theory & Applications, 2012, 6 (17): 2667–2675.

[38] A. Wang, M. Deng. Operator–based robust nonlinear control for a manipulator with human multi–joint arm–like viscoelastic properties [J]. SICE: Journal of Control, Measurement, and System Integration, 2012, 5 (5): 296–303.

[39] S. Wen, M. Deng. Operator–based robust nonlinear control and fault detection for a peltier actuated thermal process [J]. Mathematical and Computer Modelling, 2013, 57 (1): 16–29.

[40] S. Wen, M. Deng, A. Inoue A. Operator–based robust nonlinear control for a Peltier actuated process [J]. Transactions of the Institute of Measurement and Control, 2011, 44 (4): 116–120.

# 第 6 章　基于算子理论的液位系统控制

## 6.1　液位过程控制系统介绍

液位过程控制系统如图 6-1 所示，对象装置主要由两个水箱级联构成，前一个水箱的输出流量作为后一个水箱的输入流量，每个水箱的输入流量能够被检测并实现过程控制，相应部分安装有流量传感器和调节阀，最后一级水箱的输出流量不需检测。要进行液位控制，水箱内的液位作为输出要能检测到，即要进行液位控制的水箱安装液位检测仪。除上述检测仪器和执行机构以外，还具备有：抽水泵，可将液体送入各级水箱；限位器，可确保水箱内液位不溢出；各种检测变量的显示仪以及对应的电气部分。

图 6-1　液位控制系统实验平台

该双水箱结构简图如图 6-2 所示，该系统主要有工控机、上下水箱、储水槽、配电箱、

PCL—812PG 采集卡，PCLD—780 端子板、超声波液位传感器、温度传感器、流量计、调节阀等主要部分组成。我们采用研华公司生产的研华工控机，由于本文主要针对水箱的液位进行仿真与控制，因此在这里重点对液位控制相关部分进行讨论，对各个部分（PCL—812PG 采集卡、PCLD—780 信号调理板、超声波液位传感器）进行调试。

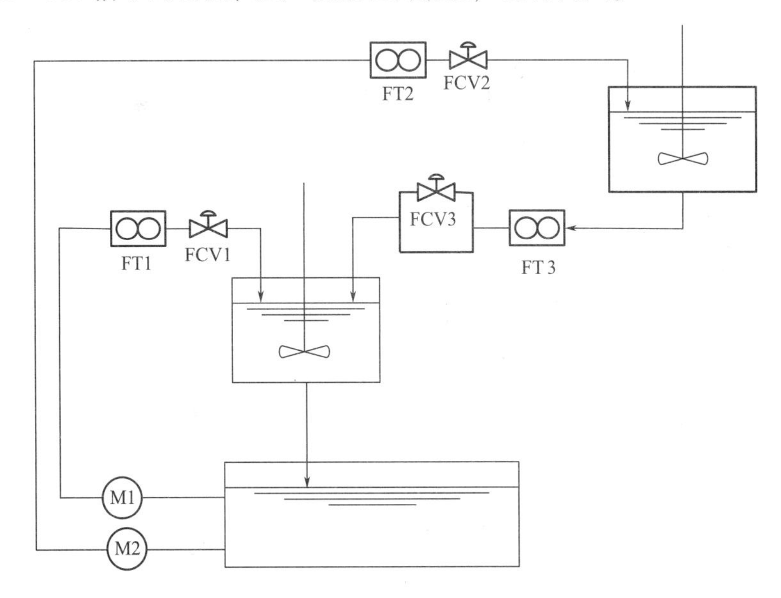


图 6-2　双水箱结构图

工控机与系统之间的接口板卡为 Advantech 公司生产的 PCL—812PG 数据采集卡，如图 6-3 所示。其中该采集卡主要包括 16 位单端模拟输入通道和两个 12 位单集成多极性 D/A

图 6-3　PCL—812PG 采集卡

输出通道等，将采集卡插入工控机卡槽前要对其进行跳线设置和基地址的选择等步骤，如DMA通道、用户计数器输入时钟、D/A和A/D参考源以及A/D最大输入电压等。本次控制对于输入功能我们跳线选择对应位置为电压0~5V，输出功能我们选择为0~10V选项。采集卡正确设置之后，我们需要对采集卡进行调试，将该卡装入工控机指定位置，并根据提示装载驱动程序，然后对各个模块进行调试，检验各部分是否能够正常工作，打开“Advantech Device Manager”，加载PCL—812PG采集卡，如果加载失败，则需要重新检查板卡是否正确安装，加载成功，则可以点击界面上测试按钮，分别对模拟输入、模拟输出、数字输入和数字输出等功能进行调试，如果一切正常，则可以进行下一步开发程序，调试设备等操作。

PCL—812PG采集卡与双水箱系统之间通过信号调理板PCLD—780进行通信。如图6-4所示。由于系统中执行机构调节阀输入为4~20mA电流信号，因此，我们将采集卡输出的电压信号通过PCLD—780与信号转换模块24V的FWP—20智能电压/电流变送器进行连接，该转换器可以将0~10V电压转换成4~20mA电流信号，如图6-5所示，然后作用于调节阀。对于数据采集卡输入模块，液位传感器与采集卡之间通信时输出为4~20mA电流信号而采集卡只能接受电压信号，故我们在信号调理板PCLD—780上相应端口接入250Ω电阻，对应上述中采集卡设置的0~5V电压。

图6-4 PCLD—780信号调理板

图6-5 FWP—20智能转换器

超声波液位传感器有两路输出，分别为0~10V电压和4~20mA电流输出。电压输出接入变送器进行液位转换，电流输出我们通过PCLD—780调理板与采集卡通信。这里我们需要注意的是对液位传感器的标定，标定过程如果出现偏差，则在液位显示过程中会出现较大误差，不能精确显示液位高度，在该项操作中我们需要对水箱进行多次的进放水操作，具体方法为：

（1）将电源关闭；

（2）然后将设定插头拔掉；

（3）再次打开电源通电（重启）；

（4）将水注入水箱达到目标位置；

（5）把插头插入分别对应的位置然后再拔出，这样设定位置A1和A2就完成了，在拔出插头的同时，设定数据将被保存；

（6）该次调试过程可以通过LED指示灯指示，当绿灯亮时，表示目标物被检测到，如果红灯闪烁，则没有被检测到，此时我们需要检测插头或者移动插头的高度直到绿灯亮为止；

（7）最后将设定插头插入T位置，传感器标定结束，传感器开始正常工作。

液位过程控制原理图如图6-6所示。水箱液位高度通过超声波液位传感器和变送器读取数据，数据采集卡A/D将传感器传送值经过处理反馈给输入端，与液位给定值比较计算偏差值，通过控制器计算将控制信号经过采集卡D/A采集计算然后转变成系统能够接受的模拟信号，输出到执行机构，即调整调节阀阀门的刻度，控制对象（水箱）在阀门的控制下达到设定的液位值。该液位控制过程的结构框图如下图6-7所示。

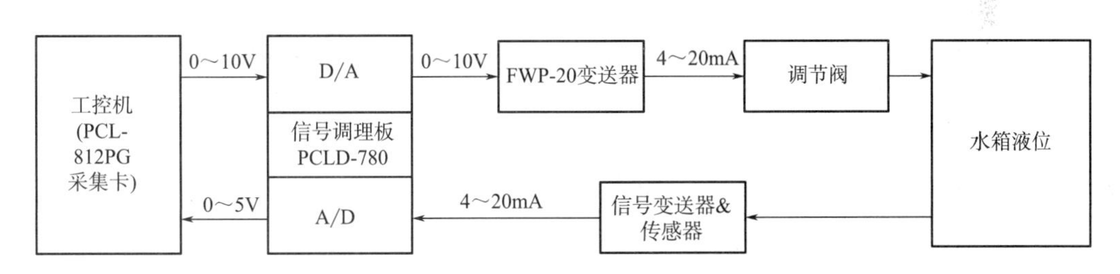


图6-6　液位控制过程原理图

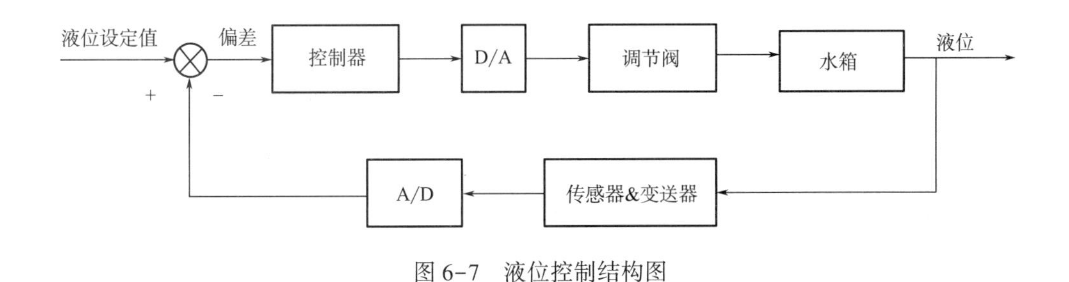


图6-7　液位控制结构图

# 6.2 液位系统数学建模

本实验平台模拟一套双水箱控制系统，验证提出方法的可行性。该系统的下水箱为实验对象，先对其进行建模仿真。液位控制对象的水箱结构简图如图 6-8 所示，其建模需要的一些参数列在表 6-1 中。

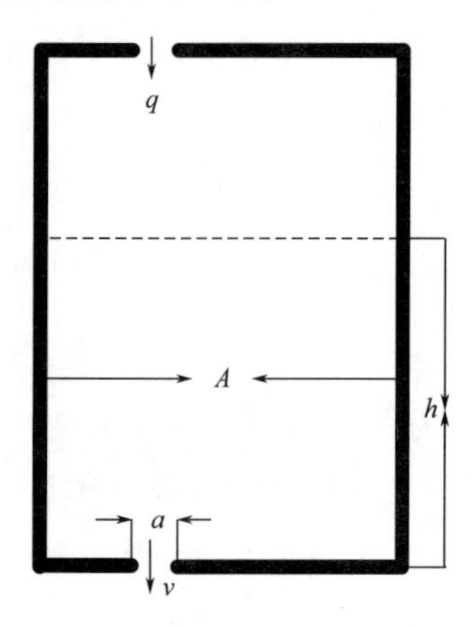


图 6-8 水箱结构简图

表 6-1 水箱的参数

| $A$ | 水箱横截面积（$m^2$） |
| --- | --- |
| $a$ | 水流出口横截面积（$m^2$） |
| $h$ | 水箱液位高度（m） |
| $q$ | 水箱进水口流量（L/min） |
| $v$ | 水箱出水口水流速度（m/s） |

就下水箱进行建模，下水箱有两个进水口和一个出水口，先将回流阀关闭，即 $q_1=0$（上水箱与下水箱中间相连通部分）。根据物料平衡关系，在正常状态下，流入量与流出量之差与水的液位有如下关系[1~4]：

$$A\dot{h}=q_0-av \tag{6-1}$$

根据伯努利方程$\frac{v^2}{2g}+Z+\frac{p}{pg}=C$，在平衡位置和出水口位置分别选一点进行分析，假设液位的变化速度为$\frac{q_0}{A}$有：

$$\frac{q_0^2}{2gA^2}+h+\frac{p_a}{\rho g}=\frac{v^2}{2g}+\frac{p_a+\Delta p_a}{\rho g} \tag{6-2}$$

$p_a$ 表示大气压强，$\Delta p_a$ 表示高度为 $h$ 的水产生的压强，再假设 $\Delta p_a=0$，由式（6-2）可以得到：

$$v=\sqrt{\frac{q_0^2}{A^2}+2gh} \tag{6-3}$$

通过式（6-3）、式（6-1）得：

$$\dot{h}=\frac{q_0}{A}-\frac{a}{A}\sqrt{\frac{q_0^2}{A^2}+2gh} \tag{6-4}$$

由于 $q_0 \ll A$，所以式（6-4）可以表示为：

$$\dot{h}=\frac{q_o}{A}-\frac{a}{A}\sqrt{2gh} \tag{6-5}$$

用 $y(t)$ 表示输出变量 $h$，$u(t)$ 表示输入变量 $q_0$，所以液位的输入输出可用微分方程表示为：

$$\dot{y}(t)=\frac{1}{A}u(t)-\frac{a}{A}\sqrt{2gy(t)} \tag{6-6}$$

此微分方程也可以简单的由重力势能与动能之间的转换得到，取一定量的水下降高度 $h$，由能量守恒定律有 $mgh=\frac{1}{2}mv^2$ 得到 $v=\sqrt{2gh}$ 代入式（6-1）同样可以得到式（6-6）[3]。

模型相关参数大小如表 6-2 所示[4]。

**表 6-2　系统模型参数值**

| | |
|---|---|
| $A$ | 706.5（$cm^2$） |
| $a$ | 0.020096（$cm^2$） |
| $g$ | 9.8（$m/s^2$） |

# 6.3　基于鲁棒右互质分解的控制器设计

对于本次课题研究中所建立的非线性控制系统，运用前文介绍的算子理论和数学建模对其进行右分解，对于该模型式（6-6），由于模型中有非线性微分环节，对其解析解难以求解，用公式 $P=ND^{-1}$ 难以对其分解，因此模型我们可以描述为：

$$P^{-1}(y,t)=DN^{-1}=u(t)=A\dot{y}(t)+a\sqrt{2gy(t)} \tag{6-7}$$

对该模型进行右分解得到式（6-8）。

$$\begin{aligned} Nw(t)&=y(t)=\frac{w(t)^2}{2ga^2} \\ Dw(t)&=u(t)=\frac{A}{2ga^2}\times\frac{d}{dt}[w(t)^2]+w(t) \end{aligned} \tag{6-8}$$

即：

$$P^{-1}(y,t)=\frac{A}{2ga^2}\times\frac{\mathrm{d}}{\mathrm{d}t}[2ga^2y(t)]+a\sqrt{2gy(t)}$$

$$=A\dot{y}(t)+a\sqrt{2gy(t)} \tag{6-9}$$

由 Bezout 恒等式，我们可以得到控制器 $R$ 和 $S$：

$$\tilde{R}u(t)=Bu(t)$$

$$Sy(t)=(a-aB)\sqrt{2gy}-AB\dot{y} \tag{6-10}$$

即通过以上设计得到恒等式：

$$SNw(t)+RDw(t)=Lw(t),\mathrm{L}\in U(W,U) \tag{6-11}$$

式中，$B$ 为设计的一个常量，可以对系统进行微调使其达到稳定的调节控制器。在右互质分解的控制器设计过程中，控制器 $R$ 可以直接实现，但是对于控制器 $S$ 很难保证其进行实时控制，因为 $S$ 中存在微分环节[5~22]。

在本章研究中，微分函数 $\dot{y}$ 表示为：$\left.\frac{\mathrm{d}y(t)}{\mathrm{d}t}\right|_T=\frac{1}{T}y(t)-\frac{1}{T^2}e^{\frac{-t}{T}}\int y(\tau)e^{\frac{\tau}{T}}\mathrm{d}\tau$，式中：$T$ 为时间常量。因此控制器 $S$ 用下式近似替代：

$$Sy(t)=(a-aB)\sqrt{2gy}-AB\left[\frac{1}{T}y(t)-\frac{1}{T^2}e^{\frac{-t}{T}}\int y(\tau)e^{\frac{\tau}{T}}\mathrm{d}\tau\right] \tag{6-12}$$

由于该替代存在一定的误差，因此在实际控制中，不确定部分 $\Delta S$ 计算结果如下：

$$\Delta Sy(t)=AB\left[y(\dot{t})-\frac{1}{T}y(t)-\frac{1}{T^2}e^{\frac{-t}{T}}\int y(\tau)e^{\frac{\tau}{T}}\mathrm{d}\tau\right] \tag{6-13}$$

对于不确定部分 $\Delta S$ 在条件式（6-11）情况下，该非线性液位控制系统是鲁棒稳定的。即下式假设成立

$$\|\Delta SNw(t)\|=\|AB\left[\frac{\dot{w}(t)}{2ga^2}\right]-\frac{w(t)^2}{2ga^2T}-\frac{1}{T^2}e^{\frac{-t}{T}}\int\frac{w(\tau)^2}{2ga^2}e^{\frac{\tau}{T}}\mathrm{d}\tau\|<1 \tag{6-14}$$

鲁棒稳定性的条件满足，由此可以证明该非线性系统在外部扰动情况下是鲁棒稳定的。

跟踪控制系统设计满足条件式（6-13），$M$ 为跟踪控制器。

$$(N+\Delta N)\tilde{L}^{-1}M(r)(t)=I(r)(t) \tag{6-15}$$

根据右互质分解设计图 2-7 可以得到图 6-9 的等效形式。

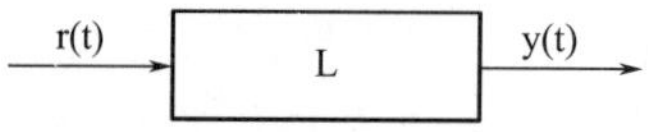

r(t) → L → y(t)

图 6-9　图 2-7 等效图

控制器 $M$ 为：

$$M(r)(t)=a\sqrt{2gr(t)} \tag{6-16}$$

# 6.4　系统仿真与实验

### 6.4.1　系统仿真与结果分析

对于上面设计好的控制算法，我们首先采用 MATLAB 进行结果得验证，如图 6-10 所示。从图中我们可以看到运用基于算子理论的鲁棒右互质分解技术所建立的液位控制器仿真结果良好，该液位系统运行稳定，无超调，具有很强的鲁棒性，验证了该方法的有效性。图中输入为流量，输出为液位，液位设定值为 30mm，其中参数 $B=0.08$，仿真系统在 500s 之后液位达到稳定，满足了设计要求。对于实时控制提供了良好的理论基础。

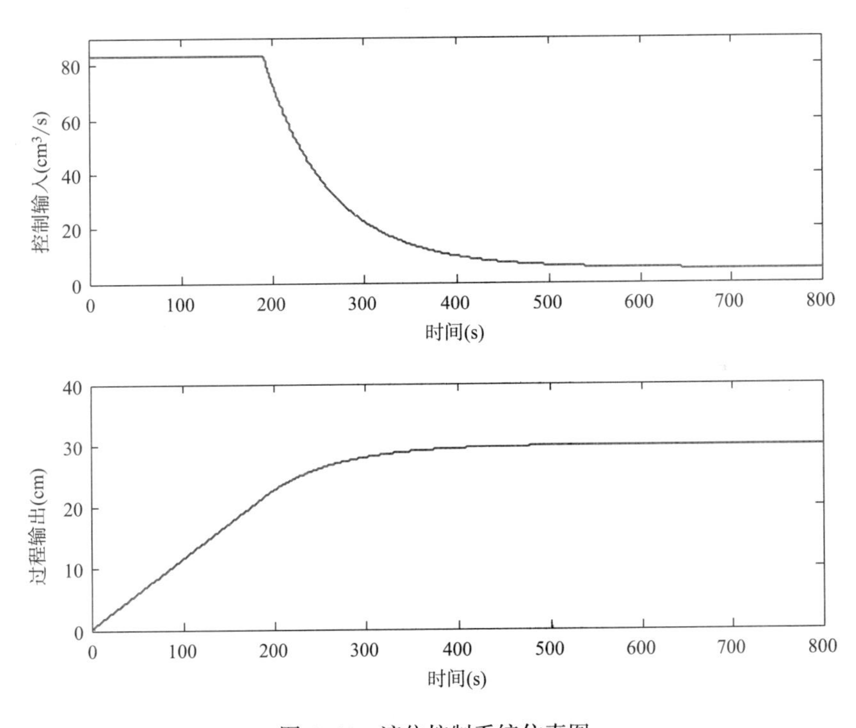


图 6-10　液位控制系统仿真图

### 6.4.2　液位系统软件设计及调试

该实验平台与计算机之间采用 Advantech 公司的 PCL—812PG 数据采集卡作为接口，由于采集卡 PCL—812PG 自带的例程 Microsoft Visual C++大多都是基于 SDK（Software Development Kit）的程序应用，对于该设备对象我们研究开发出基于 Microsoft Visual C++及 MFC（Microsoft Foundation Class）类库编写的 Win32 控制台应用程序。

MFC 是一个非常庞大的类库，提供了 Windows API 的许多功能，具有强大的程序开发功能，用该软件做界面程序操作简单，节省了程序员许多的任务量，这也是我们选择该软件的原因。C++语言相比 C 语言有许多优点：

封装性，也就是说把进行数据运算的函数与数据组织在一起，这样不但使程序的结构之间的联系更加紧密，而且大大提高了内部数据的安全性；

继承性，该特性可以大大加强代码重用率和软件的可扩充功能；

多态性，这个特性可以使编程者在进行程序设计时能够更好地提高问题的抽象性，对代码的维护以及重用性有很大的帮助。

在保证采集卡正确安装，且驱动程序正常运行的情况下，其中包含有“Advantech”提供的动态链接库“ADSAPI32. DLL”我们还需要对所开发的 VC++程序加入采集卡所带的静态链接库“ADSAPI32. LIB”和程序运行所需的头文件“DRIVER. H”，其中“lib”文件是经过了编译以后的二进制文件。这些需要在创建工程项目时在软件中添加，如图 6-11 和图 6-12 所示，这样便可以成功的调用采集卡本身所带的函数库了。

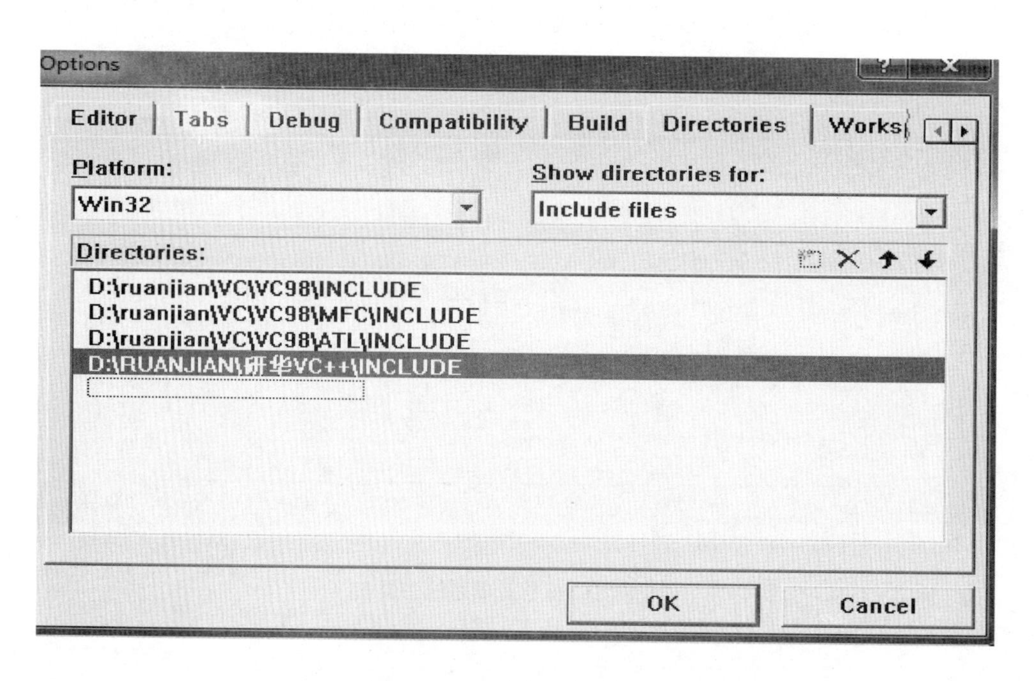


图 6-11　软件头文件配置图

如果设备运转正常，则软件开始运行时，应首先打开板卡调用 DRV_ DeviceOpen（）函数，初始化各个参数，获取设备特性函数 DRV_ DeviceGetFeatures，该函数中的参数 lpDevFeatures 为设备特性的结构指针，指向 PT_ DeviceFeatures 结构类型的变量，返回该设备的特性。函数描述为：

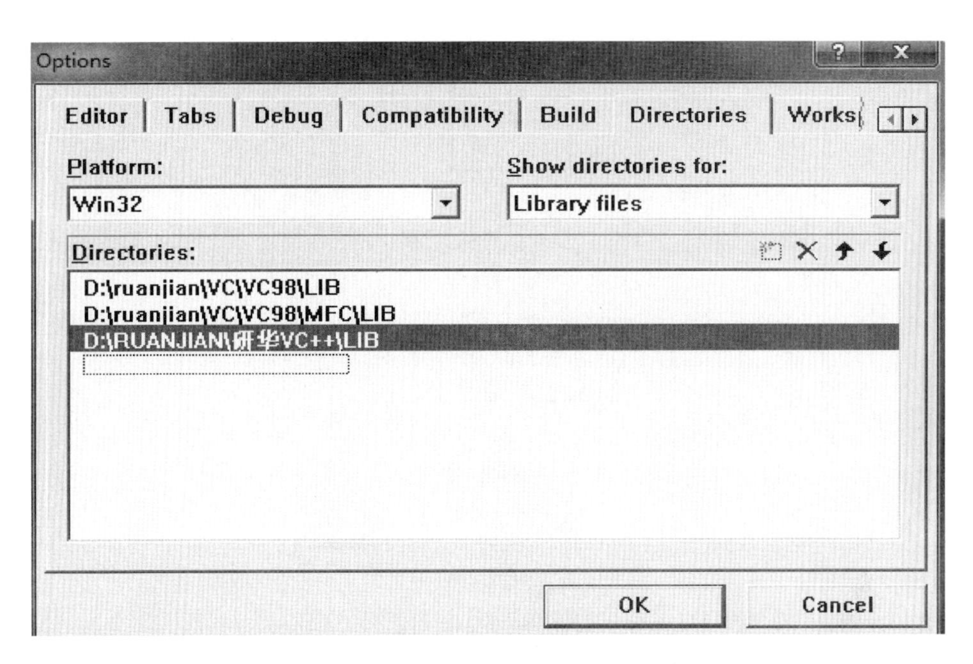


图 6-12　软件配置图

DRV_ DeviceGetFeatures（LONG DriverHandle，LPT_ DeviceGetFeatureslpDevFeatures）。对应于应用程序中如下：

```
static  PT_DeviceGetFeatures  ptDevFeatures;
   ptDevFeatures.buffer = (LPDEVFEATURES)&DevFeatures;
    ptDevFeatures.size = sizeof(DEVFEATURES);
   if ((ErrCde = DRV_DeviceGetFeatures(DriverHandle,
                  (LPT_DeviceGetFeatures)&ptDevFeatures)) !=SUCCESS)
              {
                  DRV_GetErrorMessage(ErrCde,(LPSTR)szErrMsg);
                  AfxMessageBox((LPCSTR)szErrMsg);
                  DRV_DeviceClose((LONG far *)&DriverHandle);
                  return ;
              }
```

在进行模拟输入和模拟输出操作之前还需配置指定 AI 通道的电压输入范围和采样通道，这是我们需要调用 DRV_ AIConfig 函数，该函数数据结构中包含 DasChan 和 DasGain 两个参数，分别代表上述变量配置。其中，DasGain 与硬件有关。程序流程图如图 6-13 所示。

参数配置成功板卡功能开启，计算机与系统开始通讯，在模拟输入部分，需要用到 DRV_ AIConfig 函数，此函数包含两个参数，DriverHandle 为板卡打开函数 DRV_ DeviceOpen 返回设备句柄，并指向目标设备，而 lpAIconfig 为指向结构体 PT_ AICongfig 的指针，该结构体需要动手设置，主要用于对采样通道（USHORT DasChan），GainCode（USHORT DasGain）的保存。该通道配置完成之后，这时采集卡调用函数 DRV_ AIVoltageIn，该函数表示模拟电

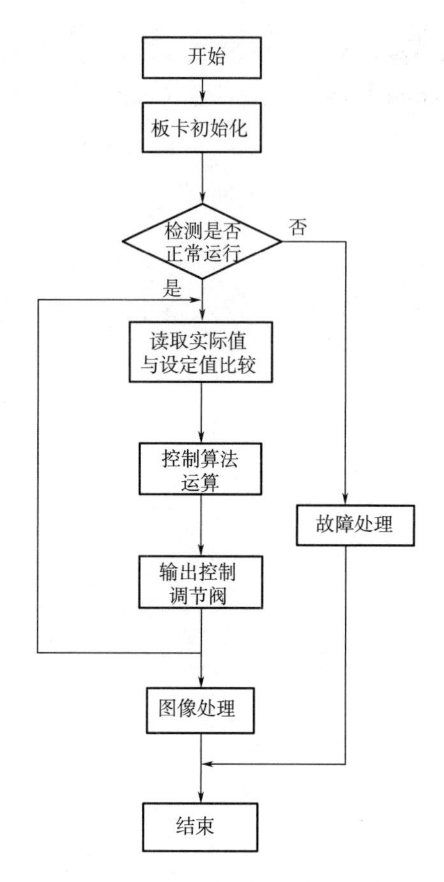


图 6-13 程序流程图

压输入，接收 0~10V 的电压信号。在该函数中包含参数 lpAIVoltageIn，该参数指向结构体 PT_ AIVoltageIn 的指针，该结构体成员（chan，gain，TrigMode，voltage）四个变量，分别代表采样通道，增益代码，触发模式和返回的电压值。程序代码如下，其中 m_ fVol 为采集到的电压值。

```
ptAIVoltageIn.chan = gwChannel;
ptAIVoltageIn.gain = ptAIConfig.DasGain;
ptAIVoltageIn.TrigMode = 0;
ptAIVoltageIn.voltage = (FLOAT far *)&m_fVol;
```

其中触发方式为 0 或 1，0 代表内部触发，1 代表外部触发。

采集卡接收系统传送过来的信号，进行运算之后，需要调用函数 DRV_ AOConfig（LONG DriverHandle，LPT_ AOConfiglpAOConfig）对板卡进行输入配置，在设备句柄 DriverHandle 指向的设备上，改变所指定 AO（Analog Output）通道的输出范围默认配置（未调用本函数前，AO 通道的输出范围默认参考的是用户在研华设备管理器 Advantech Device Manager

的设置数据，这个数据保存在注册表 Registry 中）。本函数改变的配置数据只是执行时的暂存信息，保存在注册表的配置数据并没有被改变。

经过运算将计算结果通过函数 DRV_ AOVoltageOut 将信号输出给系统，使系统最终达到稳定。代码如下所示，该函数包含 AO 输出通道和浮点型数据输出值，值得注意的是，该值必须在硬件支持的范围内，否则会造成板卡运行故障。

```
ptAOVoltageOut.chan = gwChannel;
ptAOVoltageOut.OutputValue =  m_fdata;
```

基于 Microsoft Visual C++开发的 MFC 界面如图 6-14 所示，该图显示，我们需要对板卡型号、采集通道、电压范围、扫描时间做出设置，界面分别可以显示采集到的输入值和控制器输出值曲线。

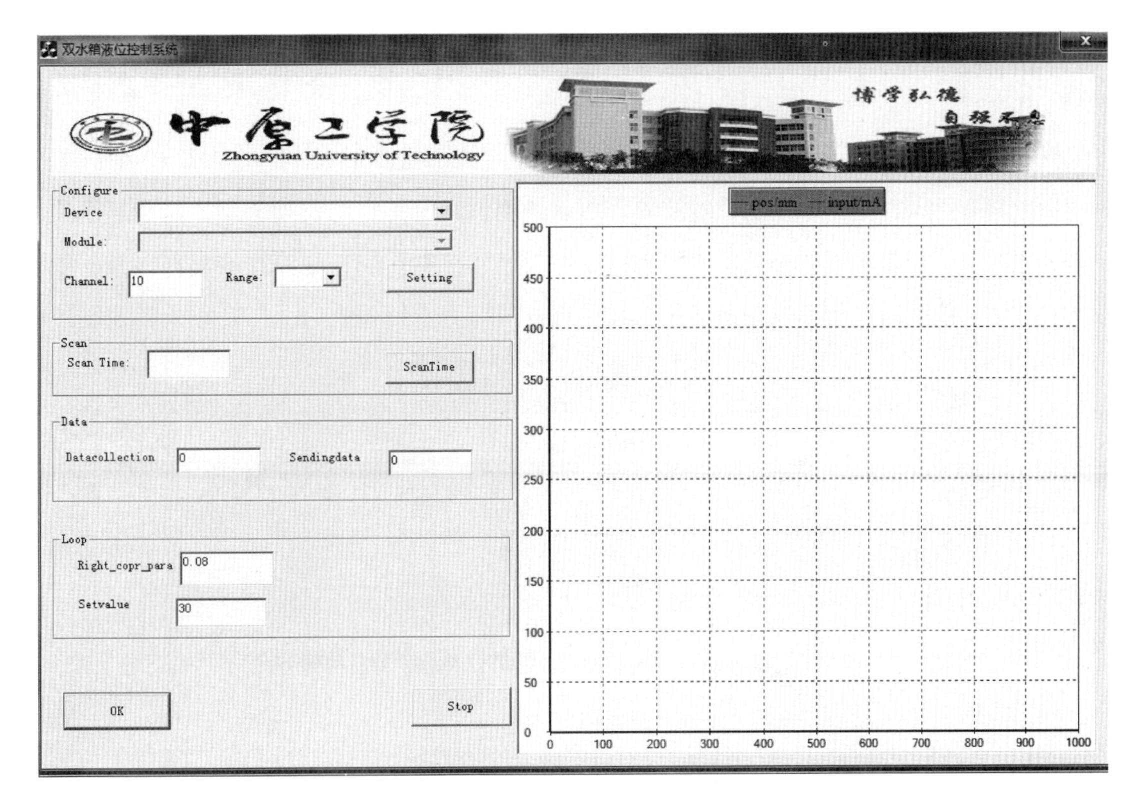


图 6-14　液位控制系统控制界面

### 6.4.3　系统实验与结果分析

针对上文设计的控制器，首先运用相关进行理论结果仿真，仿真结果验证了设计的有效性，接着我们需要对该结果进行实时控制，运用基于 Microsoft Visual C++的 MFC 做控制界面。

在该实时控制中，由于超声波液位传感器存在传感盲区，为了更好地验证该实验设计的准确性，我们将超声波液位传感器的标定进行了处理，标定值的 0~150mm 定义为显示值的 0~500mm，对应结果如图 6-15 所示。

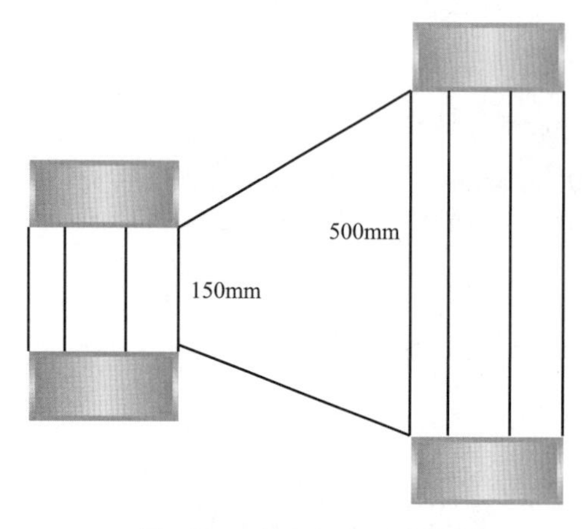


图 6-15　液位标定对应图

控制结果如图 6-16 所示。在该结果图形中，设定液位值为 300mm，参数 $B=0.01$，与仿真中参数略有微调，由于存在水位的波动，所以采集值具有一定的波动范围，这与超声波液位传感器有关，但是采集结果显示该控制器具有很好的控制作用，该控制器具有很强的鲁棒性。在数学建模过程和仿真过程中，我们运用流量值作为系统输入值，但是在实际控制过程

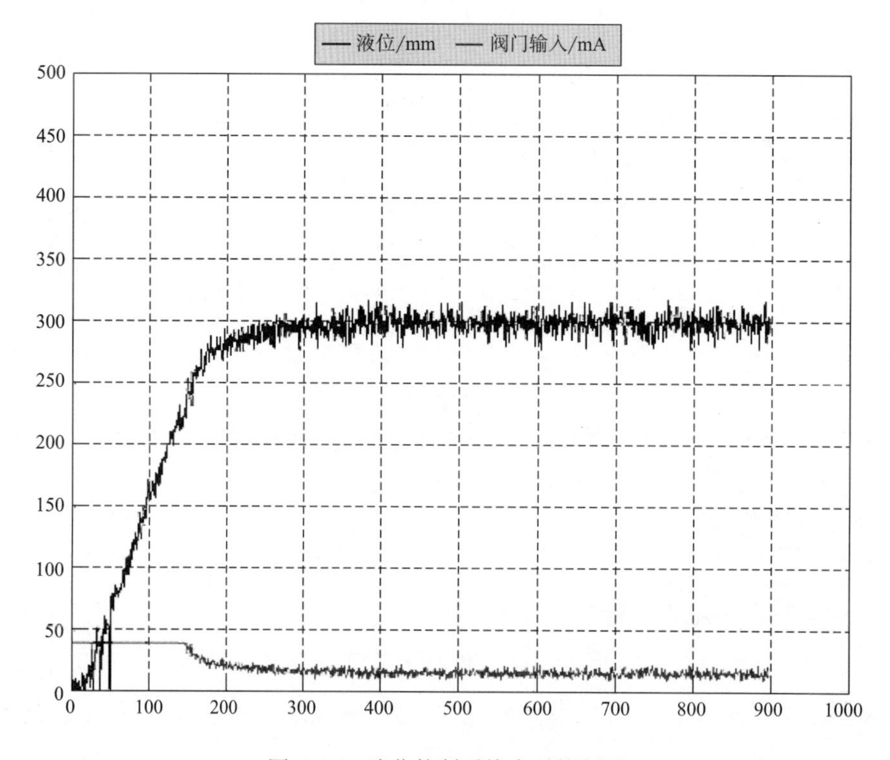


图 6-16　液位控制系统实时控制图

中，执行机构输入和输出为电流值，所以我们需要将流量输入进行数学变换，转换为电流值，然后作用与执行机构调节阀，所以实时控制中输入部分为电流值，作用范围为4~20mA。

对于输入部分，PCL812—PG采集卡发送的为0~10V的电压值，而调节阀接收4~20mA的电流值，通过FWP—20智能电压/电流变送器将0~10V电压信号转换为4~20mA电流信号。由于物理条件本身的限制，在实时显示图形中，液位在400s之后趋于稳定，比仿真结果图6-10中的稳定时间更小。为了更好地进行观察，我们将输入结果扩大了两倍，即图形显示的输入数据范围8~40代表实际输入值4~20mA。液位值的局部放大图如图6-17所示，输入电流信号的局部放大图如图6-18所示。从仿真和实时控制我们都可以看出基于算子理论的鲁棒右互质分解方法对于该液位控制系统而设计的控制器控制效果良好，实时控制中，在大约400s时，液位达到稳定，超调量低于4%，进一步验证了设计的有效性，上面的设计对下面更深层次的研究设计奠定了坚实的理论和实践基础。

从图6-17的实时控制输入部分局部放大图中我们可以看出，在闭环系统开始运行的0~150s左右的时间内，系统存在状态饱和现象，这是因为在该控制过程中，经过控制器运算的数值大于调节阀所能承受的最大值[6~10]。由于物理条件的限制，我们必须对该系统进行输入受限，所以该系统控制过程的表达式为：

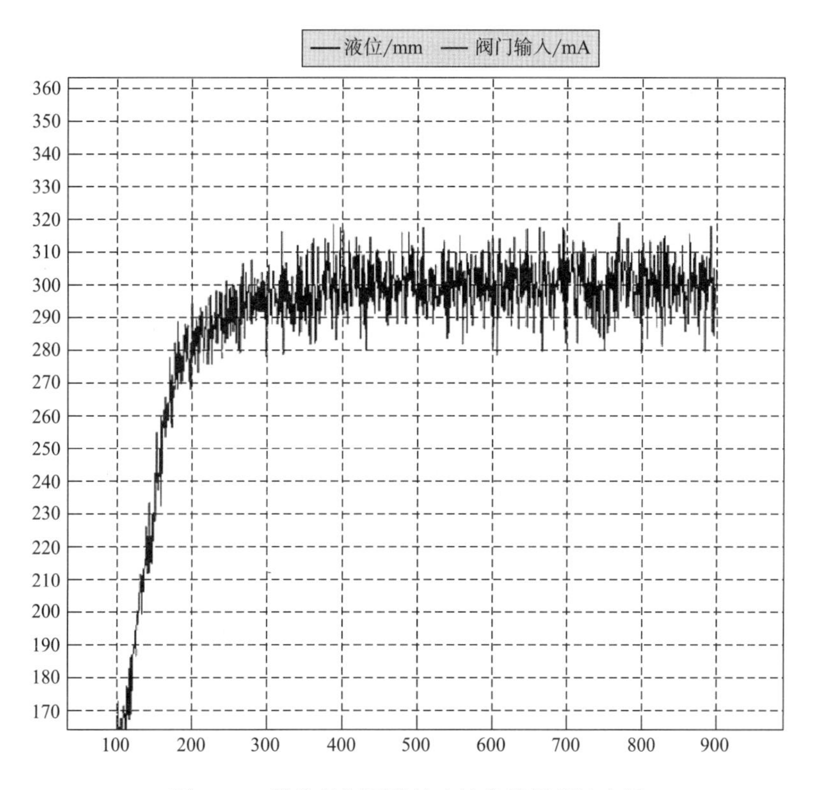


图6-17　液位控制系统输出液位值局部放大图

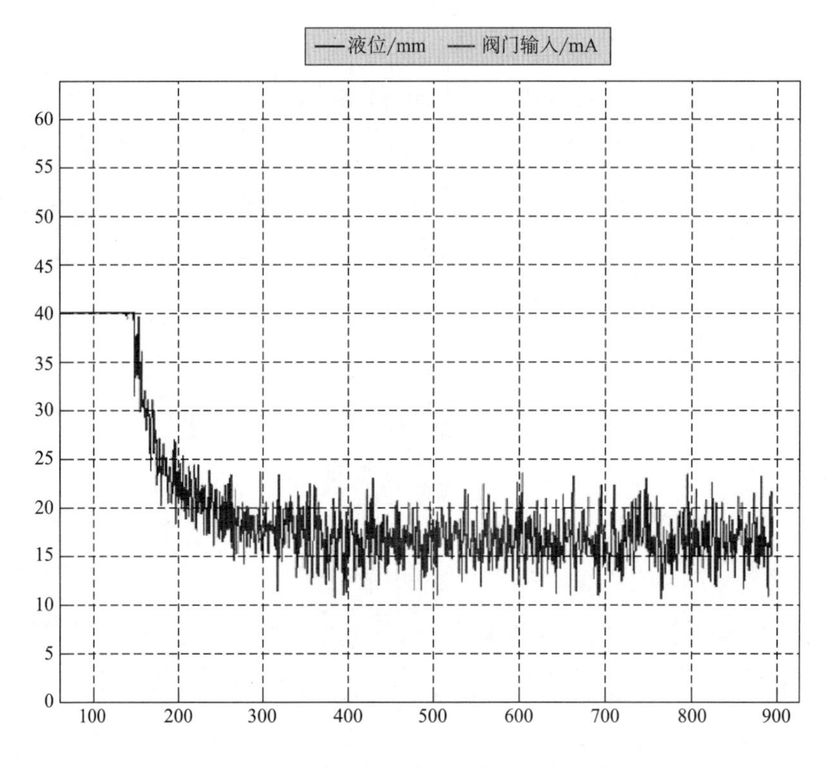


图 6-18　液位控制系统输入部分局部放大图

$$C(u_d)=\begin{cases}u_{max} & u_d \geqslant u_{max}\\ u_d & u_{min}<u_d<u_{max}\\ u_{min} & u_d \leqslant u_{min}\end{cases} \tag{6-17}$$

在输入部分超过执行机构最大承受范围时，让其以最大值进行输出，在本次控制中，由于调节阀能承受的最大输入信号为 20mA，所以 $u_{max}=20\text{mA}$，而能接受的最小信号为 4mA，所以 $u_{min}=4\text{mA}$[11]。

## 6.5 本章小结

本章主要讨论了基于算子理论的液位控制系统设计方法。首先，对液位过程控制系统进行了介绍。接着，分析了液位系统的数学建模方法。其次，针对讨论的液位系统，介绍了基于鲁棒右互质分解的控制器设计方法。最后，通过实验和仿真，对其提出的方法进行了验证。

# 参考文献

[1] S. Bi, C. Gao, M. Deng. H-infinity state feedback control for nonlinear singular time-delay systems. Dynamics of Continuous, Discrete and Impulsive Systems, Series A, Mathematical Analysis [J]. Supple, 2007, 5: 1016-1020.

[2] L. S. Pontriagin, V. Boltyanskii, R. Gamkrelidze, E. Mishchenko. The mathematical theory of optimal processes [J]. Interscience Publishers Inc. , 1962.

[3] 刘金琨. 智能控制：理论基础、算法设计与应用 [M]. 北京：清华大学出版社，2019.

[4] 蔡自兴. 智能控制原理与应用 [M]. 3 版. 北京：清华大学出版社，2019.

[5] S. Wen, M. Deng, S. Bi, D. Wang. Operator-based robust nonlinear control and its realization for a multi-tank process by using DCS [J]. Transactions of the Institute of Measurement and Control, 2012, 34 (7): 891-902.

[6] A. Teel. Anti-windup for exponentially unstable linear systems [J]. International Journal of Robust and Nonlinear Control, 1999, 9: 701-716.

[7] S. Wen, M. Deng. Application of robust right coprime factorization approach to a distributed process control system [J]. Proc. of 2009 IEEE International Conference on Automation and Logistics, 2009, 504-508.

[8] J. A. D. Dona, G. C. Goodwin. Elucidation of the state-space regions wherein model predictive control and anti-windup strategies achieve identical control policies [C]. In Proceedings of the ACC, Chicago, 2000.

[9] G. Chen, R. J. P. de Figueiredo. On construction of coprime factorization of nonlinear feedback control system [J]. Circuit System Signal Process, 1992, 11: 285-307.

[10] D. Deng, A. Inoue, K. Ishikawa. Operator-based nonlinear feedback control design using robust right coprime factorization [J]. IEEE Transactions on Automatic Control, 2006, 4: 645-648.

[11] 温盛军，毕淑慧，邓明聪. 一类新非线性控制方法：基于演算子理论的控制方法综述 [J]. 自动化学报，2013, 39 (11): 1812-1819.

[12] S. Wen, D. Deng. Operator-based robust nonlinear control and fault detection for a peltier actuated thermal process [J]. Mathematical and Computer Modelling, 2012, 57 (1-2): 16-29.

[13] B. D. O. Anderson, M. R. James, D. J. N Limebeer. Robust stabilization of nonlinear systems via normalized coprime factor representations [J]. Automatica, 1998, 34 (12): 1593-1599.

[14] A. Wang, M. Deng. Operator-based robust nonlinear tracking control for a human multi-joint arm-like manipulator with unknown time-varying delays [J]. Applied Mathematics & Information Sciences. 2012, 6 (3): 459-468.

[15] A. Wang, Z. Ma, J. Luo, Operator-based robust nonlinear control analysis and design for abio-inspired robot arm with measurement uncertainties [J]. Journal of Robotics and Mechatronics, 2019, 31 (1): 104-109.

[16] A. Wang, H. Yu, S. Cang. Bio-inspired robust control of a robot arm-and-hand system based on human visco-

elastic properties [J]. Journal of the Franklin Institute, 2017, 345 (4): 1759-1783.

[17] A. Wang, D. Wang, H. Wang, S. Wen, M. Deng. Nonlinear perfect tracking control for a robot arm with uncertainties using operator-based robust right coprime factorization approach [J]. Journal of Robotics and Mechatronics, 2015, 27 (1), 49-56.

[18] A. Wang, M. Deng. Robust nonlinear multivariable tracking control design to a manipulator with unknown uncertainties using operator-based robust right coprime factorization [J]. Transactions of the Institute of Measurement and Control, 2013, 35 (6), 788-797.

[19] A. Wang, M. Deng. Operator-based robust control design for a human arm-like manipulator with time-varying delay measurements [J]. International Journal of Control, Automation, and Systems, 2013, 11 (6), 1112-1121.

[20] A. Wang, G. Wei, H. Wang. Operator based robust nonlinear control design to an ionic polymer metal composite with uncertainties and input constraints [J]. Applied Mathematics & Information Sciences, 2014, 8 (5), 1-7.

[21] M. Deng, A. Wang. Robust nonlinear control design to an ionic polymer metal composite with hysteresis using operator based approach [J]. IET Control Theory & Applications, 2012, 6 (17), 2667-2675.

[22] A. Wang, M. Deng. Operator-based robust nonlinear control for a manipulator with human multi-joint arm-like viscoelastic properties [J]. SICE: Journal of Control, Measurement, and System Integration, 2012, 5 (5), 296-303.

# 第7章　基于算子理论的故障诊断与优化控制

## 7.1　基于算子理论的故障诊断观测器设计

故障诊断是从20世纪60年代末才被逐渐关注的研究热点。最开始研发故障诊断的是美国海军，其科研成果大多适用于实际应用。随后，英国和日本也对此技术进行研究。中国对于此技术的关注比较晚，大概开始于20世纪80年代。现今，非线性控制系统故障检测技术还处在起步研究阶段，特别是在综合研究网络控制其他影响因素的情况下，需要作出很多假设条件，研究才能进行下去，因此研究成果局限性非常大。目前对非线性控制系统故障检测方法主要有以下几种[1~6]：

（1）将非线性系统近似为线性系统，运用线性系统已经成熟的研究方法进行设计，此方法很难运用于非线性度高的系统。

（2）对于某些特定的非线性系统，已有学者对其进行了详细的分析和研究，这些特定系统的控制就可以直接运用这些方法。可是针对特定模型的方法仅仅可以用到这些特别的系统，没有普遍适用性。

（3）运用智能控制、模糊控制等现代控制理论。现代控制理论对于处理非线性系统问题较为擅长，凭借此优点，很多学者都投入到运用现代控制理论中比较先进的方法来研究非线性控制系统故障检测问题。

控制系统经常用于远程控制，系统所在工作地点环境恶劣与否、系统元件质量好坏，都能使控制系统出现故障，如果远程控制远端的设备出现故障，没有办法及时观察到，这就需要网络控制系统具备故障检测功能。控制系统故障产生大概有以下原因：

（1）硬件故障，即系统元器件出现故障，也就是系统某些元器件出现异常，不能正常工作；

（2）软件故障，即控制器程序或者用于检测故障的程序等软件出现问题。

一般的控制系统主要由被控对象、控制器、执行机构、传感器等构成。这些组成部分在实际系统中都可能产生故障。本文主要是针对珀尔贴制冷装置和液位过程执行机构故障进行检测和优化控制。在检测故障的方法上，一方面可以用大量的传感器来检测，但是这种方法用在实际系统中成本较高，但易于实现；另一方面可以用过程控制中可测量的信息来进行数据分析，从而检测出故障[2]，这种方法能减小控制系统的成本。用数据分析传感器元件的故障在之前文献中用基于算子的右互质分解方法得到了解决[3~7]；而执行器故障既可以看作是输入受限问题，又可以当作是系统的不确定性因素。

## 7.2 执行器故障检测

首先，对建立好的模型进行鲁棒右互质分解，使其满足鲁棒稳定性，设计跟踪算子使之达到跟踪性能。对于系统 $P$，如果存在两个因果稳定的算子 $N$：$W \to Y$，$D$：$W \to U$，$D$ 在 $U$ 上可逆，并且使得 $P=ND^{-1}$ 或 $PD=N$ 那么称 $P$ 存在右分解。如果 $P$ 存在右分解 $P=ND^{-1}$，且存在因果稳定的映射 $S$：$Y \to U$，$R$：$U \to U$ 使如下 Bezout 恒等式成立：$SN+RD=I_U$ 或 $\begin{pmatrix} R & S \end{pmatrix}\begin{pmatrix} D \\ N \end{pmatrix}=I_U$，则称 $P$ 存在右互质分解，其中 $I_U$ 为 $U$ 上的单位映射。如果 $P$ 存在有界扰动 $\Delta P$，带扰动的系统依然存在右互质分解性，则称系统存在鲁棒右互质分解[4~11]，如图 7-1 所示。

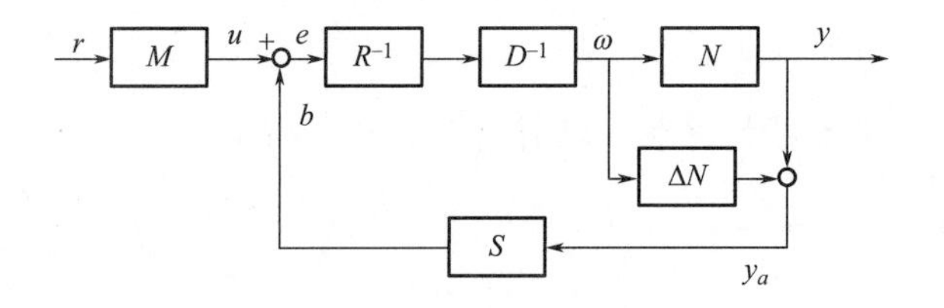


图 7-1　鲁棒右互质分解

根据以上定理，珀尔帖装置模型可以进行右分解：

$$D^{-1}(u_d)(t)=\frac{U_d}{cm} \tag{7-1}$$

$$N(w)(t)=e^{-At}\int e^{A\tau}w(\tau) \tag{7-2}$$

所设计的右互质分解控制算子 $R$ 与 $S$ 为：

$$R(u_d)(t)=\frac{B}{cm}[S_pT_li-K_p(T_h-T_l)-\frac{1}{2}R_pi^2] \tag{7-3}$$

$$S(y_a)(t)=(1-B)\left[\frac{\mathrm{d}y_a(t)}{\mathrm{d}t}+Ay_a(t)\right] \tag{7-4}$$

为了检测故障信号，设计三个算子 $R_0$、$S_0$ 和 $D$，如图 7-2 所示，使之满足以下 Bezout 等式[13~26]：

$$(SN+RD)(\omega)(t)=I(\omega)(t) \tag{7-5}$$

$$[S(N+\Delta N)+RD](\omega)(t)=\widetilde{L}(\omega)(t) \tag{7-6}$$

$$(S_0N+R_0D)(\omega)(t)=I(\omega)(t) \tag{7-7}$$

由此，可将 $R_0$、$S_0$ 设计为：

$$R_0(u_d)(t)=\frac{K_0}{cm}[S_pT_li-K_p(T_h-T_l)-\frac{1}{2}R_pi^2] \tag{7-8}$$

$$S(y_a)(t)=(1-K_0)\left[\frac{\mathrm{d}y_a(t)}{\mathrm{d}t}+Ay_a(t)\right] \tag{7-9}$$

式中：$K_0$ 是故障检测增益。由于 $S_0$ 输出与 $R_0$ 输出的总和是空间 $W$ 到 $U$ 的映射，此总和 $u_0$ 可以表示为：$u_0=R_0(u_d)(t)+S_0(y_a)(t)$，收到故障信号影响后控制输入 $u_d$ 变为：$u_d=R^{-1}(e)(t)+u_f$。式中 $u_f$ 为故障信号引起的控制输入变化量。算子 $D$ 是 $\omega$ 到 $u_d$ 的映射，故 $y_d$ 等价于受到故障信号后的控制输入[8]。然而直接将 $u_0$ 映射到 $D$ 是不可行的，因为 $u_0$ 和 $\omega$ 所属于不同的向量空间，故设计单模算子 $L$，使 $L(S_0N+R_0D)=I$，其中 $L$ 相当于一个有空间 U 到 W 的空间转换算子。则故障检测信号为：$abs[R^{-1}(e)(t)-y_d]$，若没有受到故障信号的影响，则故障信号检测值为 0。

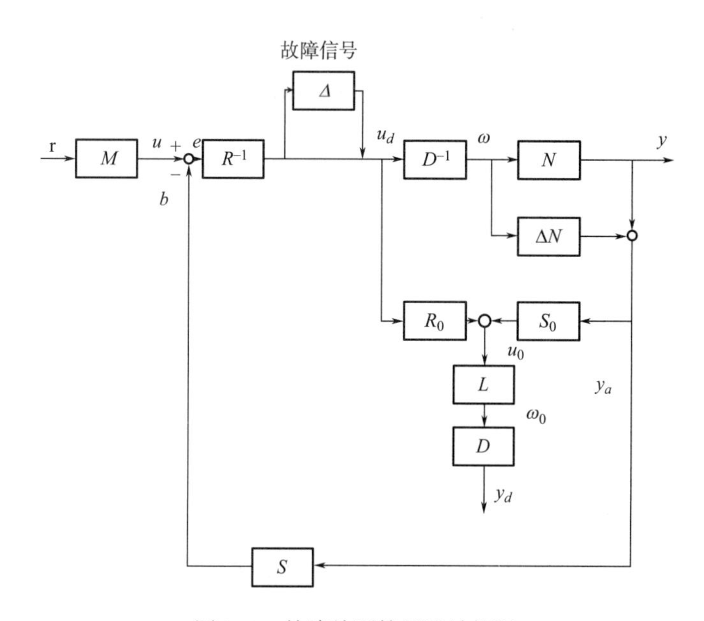


图 7-2　故障检测算子设计框图

## 7.3 半导体制冷系统故障的优化控制

### 7.3.1 故障系统的优化设计

以上内容为执行器故障信号的检测，当检测出故障信号后，本章提出了将故障问题转化为输入受限约束优化问题，以减小故障引起扰动，让系统能尽量保持跟踪性能。

受到故障影响之前，系统输出：

$$y(t)=\frac{1}{cm}e^{-At}\int e^{A\tau}u_d\mathrm{d}\tau \tag{7-10}$$

受到故障信号干扰之后，系统输出变为：

$$y_f(t)=\frac{1}{cm}e^{-At}\int e^{A\tau}[R^{-1}(e)(t)+u_f]\mathrm{d}\tau \tag{7-11}$$

优化的目的是让 $[y_f(t)-y(t)]$ 的绝对值最小，使之最小的误差有一定的约束条件，由系统控制框图，可得：

$$b=S\widetilde{P}(1+\Delta)R^{-1}(e) \tag{7-12}$$

$$e=u-b=M(r)-S\widetilde{P}(1+\Delta)R^{-1}(e) \tag{7-13}$$

由此可以推导出误差信号：

$$e=[I+S\widetilde{P}(1+\Delta)R^{-1}]^{-1}M(r) \tag{7-14}$$

由 $H_\infty$ 范数约束条件可得是系统保持跟踪性能的约束条件：

$$\|[I+S\widetilde{P}(1+\Delta)R^{-1}]^{-1}M(r)\|_\infty\leqslant 1 \tag{7-15}$$

综上所述，解决执行器故障信号影响就变为了求解约束优化问题：

$$\min|y_f(t)-y(t)|$$

$$\text{st.}\ \|[I+S\widetilde{P}(1+\Delta)R^{-1}]M(r)\|_\infty\leqslant 1 \tag{7-16}$$

### 7.3.2 约束优化问题求解

现代控制理论迅速兴起于20世纪50年代末，最优控制为其中重要内容之一。最优控制问题从大量实际问题中提炼出来，由于各行各业都发展迅猛，实际控制系统也日趋复杂，自动控制也被赋予更大的期望。而基于传递函数、频率特性方法的经典控制理论，也不能再满足控制性能要求，其局限性主要表现在[27~29]：

（1）它只适用于单输入单输出线性定常系统，只适用于对伺服系统稳定性问题的解决，很难适应于以综合性能指标为控制目标的问题。

（2）在经典控制理论中，需要凭经验试凑和人工计算，解决不了复杂的控制问题。而现代控制理论处理问题的范围则非常广泛，它可以处理时变系统、非线性系统、MIMO 系统等复杂系统的控制问题。最优控制理论是现代控制理论中处于至高地位的控制方法，它的适用范围非常广。

很多系统的解都不仅只有一种，它的解或许存在多个甚至是无限个，优化的目的就是为了从这很多个解中，按照一种条件约束或有效性，从而求出最适合的解[30~33]。在理论研究方面和实际工程方面中，约束优化问题是会常常遇见的数学规划问题。约束优化问题是智能算法的研究中非常受重视的方面。如何有效地解决约束优化问题，其重心就在于怎样处理约束条件。为了有效利用计算机，学者们已经研究出很多的数学最优化方法。非线性约束优化问题是上述问题中的特殊情况。在过去几十年间，数学规划领域的研究大多在线性规划范围内，其研究已经非常成熟，可是对于非线性规划问题，还没有普遍适用的方法，虽然也有很多解决非线性优化问题的思路，但非常有效的并不多，随着科技的发展及人们对这方面研究的迫切需要，我们急需有效而广泛的求解非线性规划问题方法的研究。

非线性约束优化问题可以建模为（NLP）：

$$
\begin{aligned}
&\min f(x)\\
&s.t.\ g_i(x)\leqslant 0\\
&i=1,2,\cdots,m\\
&g_i(x)=0\\
&i=m+1,\cdots,m+p
\end{aligned}
\tag{7-17}
$$

求解以上约束优化问题，就是要求目标函数在下面两个约束条件下的极小值，对于约束优化问题的解，有两个最优解概念，一个为局部最优解，一个为全局最优解。其中，局部最优解不一定是全局最优解，但显而易见全局最优解必然是局部最优解[34~37]。

求解最优化问题，通常会用迭代法，其运算步骤是：

（1）决定当前点 $x_k$ 的迭代方向；

（2）求沿着 $d_k$ 方向的一维线性搜索步长 $\alpha_k$，令 $x_{k+1}=x_k+\alpha_k d_k$，方向 $d_k$ 的确定与 $x_0$ 的可行性构成不一样的算法及分类。目前很多人会选择解析法与数值法。解析法是寻找函数 $f$（$x$）关于 $x$ 的导数，使其值等于零来求函数的极值，若求函数在某约束条件下的极值，可以利用拉格朗日乘子法和约束变分发。对于一个目标函数 $f$（$x$），式中 $x\in S$，在某一点的梯度值为：$\nabla f(x)=\left[\frac{\partial f(x)}{\partial x^1},\frac{\partial f(x)}{\partial x^2},\ldots,\frac{\partial f(x)}{\partial x^n}\right]$，这个梯度值决定迭代的方向。如果目标函数不可导或者不连续，解析法得到的解不能保证是最优解。牛顿法是其中最著名的方法之一。

另一种方法是数值法，这种方法是通过已有的信息，通过迭代程序产生优化问题的最优解。数值法能处理解析法处理不了的问题，同时它更实用于实际生产系统。常用的数值法有单纯形法（Simplex），Hooke Jeeves 法，改进的 Powell 法。这些方法各有优点，它们最明显特点即与解析法区别在于不用计算函数的导数，只要从某点开始，依照某种方式，得到下一个点的方向与步长，通过很多次迭代后就能求出一个最好的解。

以上是求解非线性优化问题最普遍的两类方法，这些方法最大的难题就是要克服求全局最优解陷入到局部最优解上面，由于目标函数通常存在很多局部最优解，因而我们得到的解很有可能是局部最优解而不是全局最优解。总的来说，这些方法还存在很多弊端：首先，这些方法都有较强的局限性，目标函数都必须是连续、可微分、函数单峰等；其次，这些方法工作量较大，通常在计算之前都要做很多准备工作，如求解函数的导数、矩阵的逆等，对于一些非常复杂的目标函数来说，有时这些计算都是不可能进行的；再次，这些方法都缺乏通用性，某种方法是否适用于我们要求解的问题，通常需要使用者自己判断。

### 7.3.3 仿真与实验结果分析

图 7-3 与图 7-4 分别是没有受到故障信号影响和受到故障影响时的仿真图，仿真参数如表 7-1 所示。由仿真图可看出，如果系统受到短时间的故障信号，通过鲁棒右互质分解和跟踪算子的设计仍然可以使系统达到跟踪效果，但如果受到的故障信号是一直存在的，则系统无法再保持跟踪性能。

此图是不存在故障信号时，正常运行的仿真图。能看出故障信号一直保持为零，即没有检测出故障信号。实验初始阶段也出现一段检测出来的故障信号，这是实验设备输入能力有限，设置的输入限制导致的。图 7-4 是在实验期间，某段时间加入故障信号。在 300s～350s 间，给控制输入信号一个限制信号，即假设的故障信号，可以看出故障检测信号中 300s～350s 检测出了这个故障信号。在 350s 之后，去除故障信号，故障检测信号变回为零，被控量仍然能按照设定的参考输入量，达到目标温度。

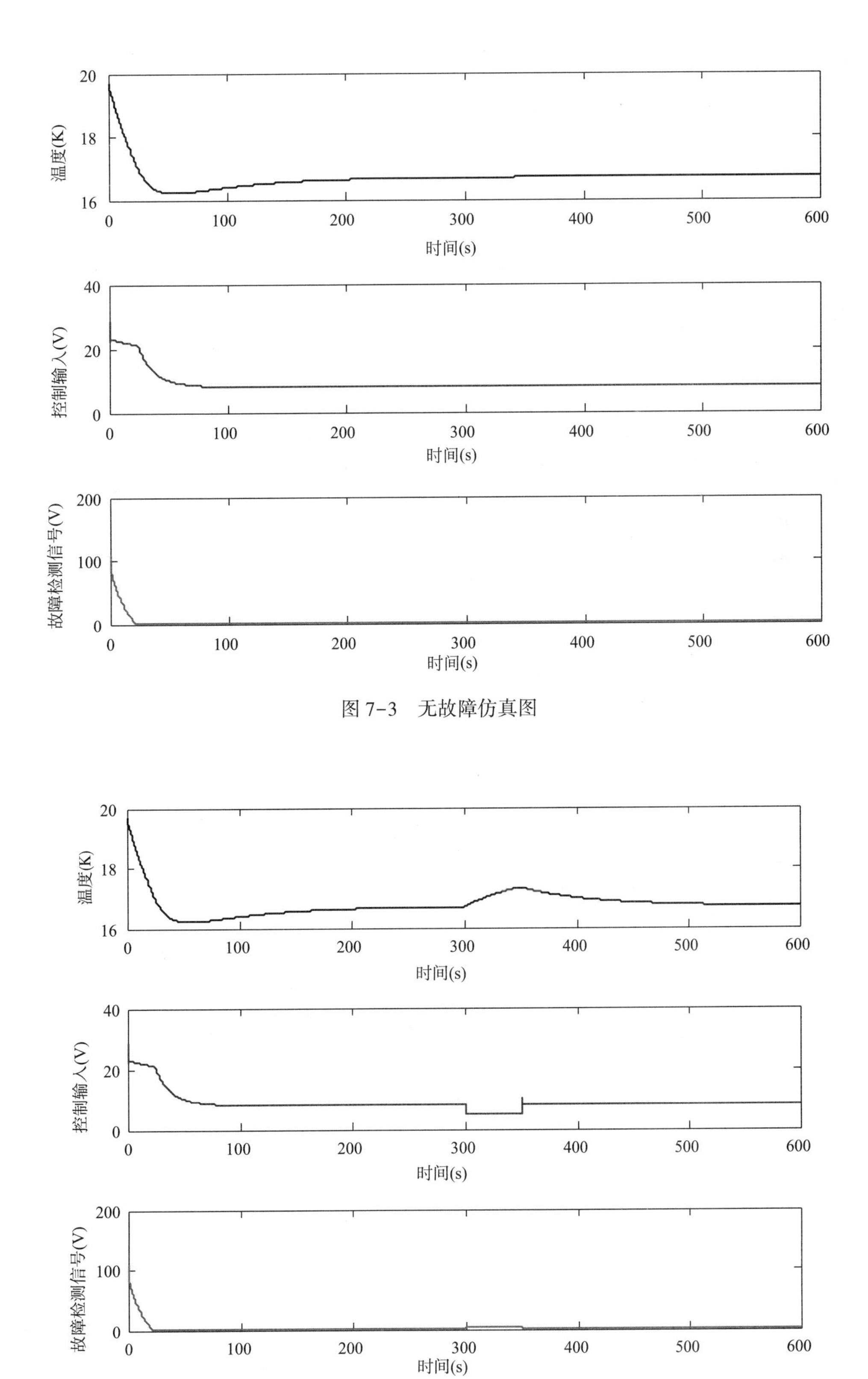


图 7-3　无故障仿真图



图 7-4　短暂故障仿真图

表 7-1 仿真参数

| 参考输入 | 3℃ |
| --- | --- |
| 参数 | 0.6 |
| 初始温度 | 19.7℃ |
| 仿真时间 | 600s |
| 采样时间 | 0.1s |

图 7-5 是在实验 300s 后给控制输入一个限制即假设故障信号，可以看出，在 300s 之后，故障检测信号一直保持检测出故障的状态，被控量温度值则在 300s 之后偏离预定控制温度，最终也没能达到预期值。

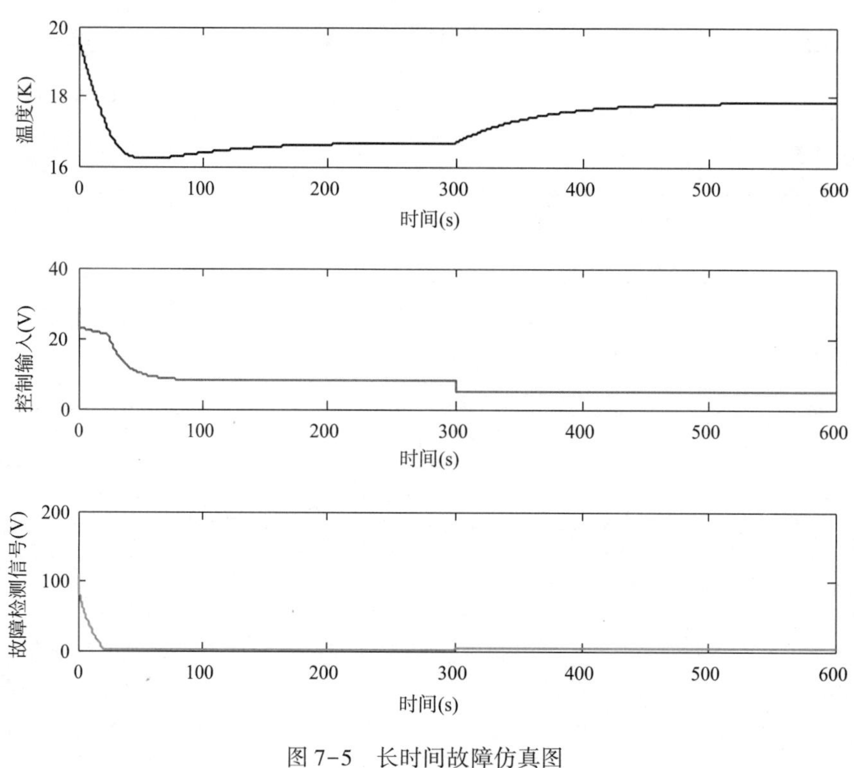


图 7-5 长时间故障仿真图

## 7.4 基于支持向量机的故障分类器设计

本书简要给出了支持向量机的基本理论基础、发展状况以及基于支持向量机的一些多分类方法，本章节将利用基于支持向量机的多分类方法设计故障分类器实现对液位控制系统的不同故障进行分类。

### 7.4.1　基于支持向量机的故障分类方法

为了使 SVM 的使用不受到分类类别数量的约束，解决现实问题中对多类别进行分类的问题，人们对此做了大量研究。目前主要使用的方法总的来说可以划分为两种：第一种办法是直接利用多个二分类器，然后将其按不同办法组合起来使用以达到对多种样本类别进行分类的目的；另一种办法就是直接考虑同时对多个样本进行分类的问题，也叫整体优化算法，该算法通过对 SVM 分类器进行改进，构造 $N$ 个判决函数来实现对 $N$ 类样本进行分类。第二种方法给人直观的感觉看似比较简洁，但由于其算法比较复杂，在计算过程中速度较慢，分类精度也不高，因此目前第一种方法使用的比较多[38~41]。

（1）组合多个二分类器方法。组合多个二分类器法也叫标准算法，这种方法是直接利用二分类器的分类能力，依据对 $N$ 类测试样本数据进行不同的划分情况采用多个数量二分类器对所划分好的样本类别进行分类，然后按特定方法组合起来形成一个多分类器，根据不同的组合所需要二分类器的数量也不同。常用的方法有：一对一方法、一对多方法、决策树法和决策导向无环图法。

①一对一方法。一对一方法是 Knerr 提出来的一种将过个二分类器组合使用的一种多分类方法，假设现在有 $N$ 种样本数据，该方法就是将每一种样本与其余所有样本进行一对一分类，根据组合排列可知要完全将 $N$ 种样本进行分类一共需要 $N(N-1)/2$ 个二分类器，每个二分类器得出结果后将结果进行组合，常用的方法是投票法。该方法容易理解，结构简单，但决策时存在一种样本对应多个类别结果，这会对决策结果产生影响，容易出现错误判断，还有就是当样本种类 $N$ 比较大的时候，就需要很多个二分类器，这就会导致决策阶段运算量大，决策时间会比较长。一对一方法的结构如图 7-6 所示。

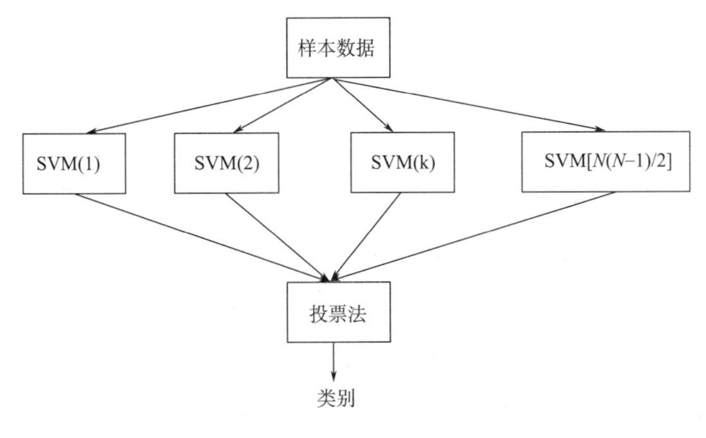


图 7-6　一对一方法结构图

②一对多方法。一对多方法的思想是对于 $N$ 类样本数据需要训练 $N$ 个二分类器，当训练第 $k$ 个分类器时，把第 $k$ 个样本作为一类，把其他所有类别数据统统作为另一类，这样就实现对两类数据进行训练。将 $N$ 个二分类器训练好后将测试样本代入 $N$ 个二分类器进行计算，然后将 $N$ 个结果进行综合，计算决策函数值 $f(k)$，$k=1, 2, \cdots, N$，样本划分类别为：arg-max：$f(k)$。相比于一对一方法，这种方法需要训练的二分类器少，决策运算简单，但是在训练每一个二分类器的时候都会运用到所有数据，这样就会造成运算量过大，而且训练时会由于两类样本数量相差较大，会发生分类超平面偏移现象，造成在决策阶段出现划分盲区现象。

③决策树法。决策树法是将训练过程和决策阶段同时进行的一种方法，以四种样本为例，决策树法的两种流程如图 7-7 所示。

由图 7-7 可以看到，不管是（a）方法还是（b）方法在对 SVM（1）进行训练时，所有样本数据都进行了运算，但是随着训练次数的不断增加，需要进行训练的样本数据也在不断减少，运算量和运算时间也会相应的减少。决策树法对于类别的划分是分层次的，不存在划分盲区。但是，在对 SVM（1）进行训练时，也会由于两类数据样本的数量差别较大，存在不对称问题导致超平面发生偏移，而且由于选择流程的不同分类的结果也会不同，因此分类误差会比较大。

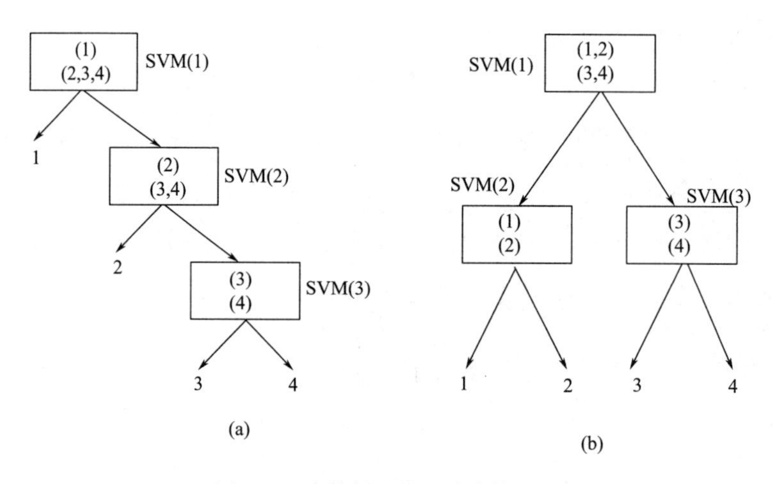


图 7-7　决策树法的两种决策流程

④决策导向无环图法。决策导向无环图支持向量机 DAG-SVM（Directed Acyclic Graph）是 Plantt 等人提出来的，这种方法能有效的解决样本数据不对称、决策盲区等问题。该方法的训练阶段与一对一方法是一样的，同样采用将 $N(N-1)/2$ 个二分类器组合起来使用，每个二分类器使用时都对应两类样本数据，只是在决策阶段采用了图论中的有向无环图思想。同样以四类样本数据为例，DAG-SVM 结构图如图 7-8 所示。

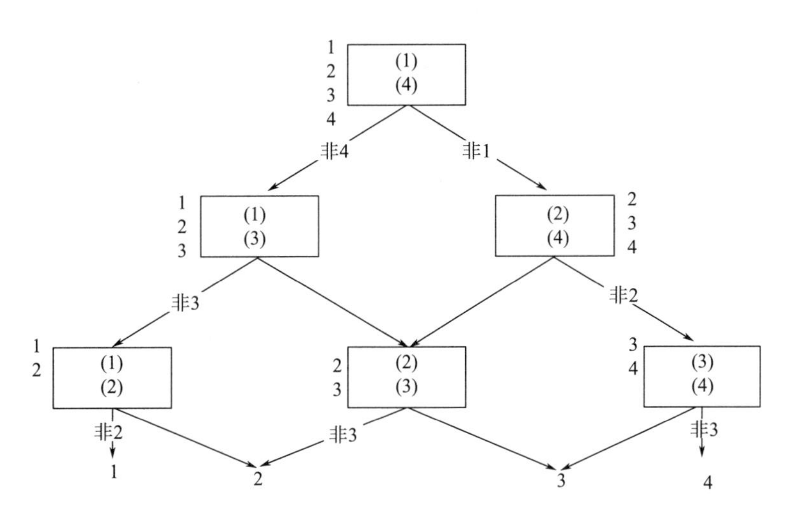


图 7-8　四类 DAG—SVM 流程图

在图 7-8 中，假设每层分类器分类正确率为 $p$，则最终四种类别得到正确分类的概率分别为：

$$r(1)=r(4)=p\times p\times p$$

$$r(2)=r(3)=\frac{1}{2}\times p\times p+\frac{1}{4}\times p \tag{7-18}$$

通过计算结果最后可以得到四种类别分类正确的概率如下：

$$r(2)=r(3)>r(1)=r(4) \tag{7-19}$$

但是决策导向无环图支持向量机的分类流程是有多种方式的，对于分类类别 1、2、3、4 的排列不同分类流程也是不一样的，由排列组合知识可以知道对于 $N$ 种类别的排列方法有 $N!$ 种，因此 $N$ 种类别的分类问题是有 $N!$ 种分类流程的，采用不同的流程会有不同的分类结果，因此针对如何选择合适的 DAG—SVM 结构才能得到最佳的分类效果，有人提出了基于节点优化的 DAG—SVM 多分类扩展策略。

（2）直接法。直接法不把多类问题分成多个二分类问题然后再进行组合，而是直接对 $N$ 种样本数据同时进行处理，通过构造 $N$ 个判决函数来把 $N$ 种样本数据区分开来。Weston 等人针对多分类问题提出一个新的二次规划问题：

$$\begin{aligned}
&\min \frac{1}{2}\sum_{m=1}^{N}\|w_m\|^2+C\sum_{i=1}^{l}\sum_{m\neq y_i}\xi_i^m\\
&s.t.\ (w_i\cdot x_i)+b\geqslant(w_i\cdot x_i)+b_m+2-\xi_i^m\\
&\xi_i^m\geqslant 0\\
&i=1,\ 2,\ \cdots,\ l,\ m\in\{1,\ 2,\ \cdots,\ N\}\setminus y_i
\end{aligned} \tag{7-20}$$

对应的决策函数为：

$$f(x) = \arg\max k[(w_i \cdot x) + b_i] \tag{7-21}$$

相比于一对一方法和一对多方法，直接法是一个计算非常复杂的过程，训练过程所消耗的时间要比一对一和一对多方法多很多，而且经过实际的应用也验证了直接法的分类精度也不比间接法高。因此在实际应用中经常采用一对一方法，但是一对一方法在决策过程也会出现不可判别的情况，所以说如何将多种类别样本进行分类的多分类方法依然是支持向量机理论研究的重要内容。

### 7.4.2 液位系统的故障分析

液位控制系统的结构及其组成部分如图 7-9 所示。

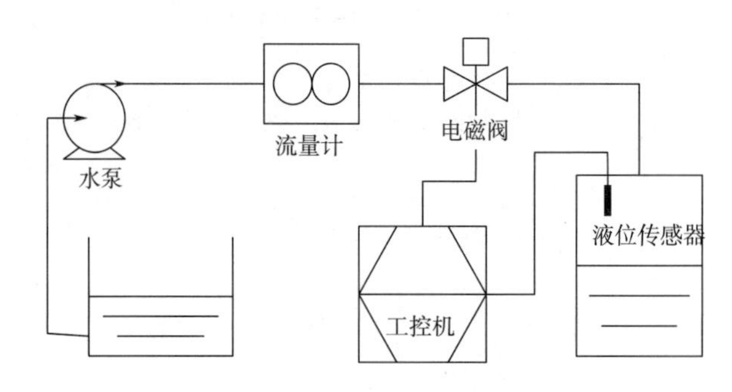


图 7-9　实际系统结构简图

由图 7-9 可以看到，液位控制系统的主要组成部分有水泵、流量计、电磁阀、液位传感器和工控机等。

在工业过程控制系统中，经常发生故障的部分主要是传感器和执行机构。据统计，在已经发生的工业系统故障中，传感器故障和执行机构故障大概占所有系统故障的 80%以上。就该液位控制系统而言，执行机构有电磁阀和水泵，传感器有流量计和液位传感器，因此，接下来主要是对该液位系统的这四个部分具体的进行一下故障分析。

水泵在该液位系统运行过程中是一直处于运行状态中的，根据经验，水泵经常出现的故障是水泵烧坏，所以在本文中就假设水泵发生的故障就是水泵烧坏，或者断电，总之就是说水泵停转。

电磁阀发生的故障就是电磁阀卡死，这里就涉及电磁阀卡死的位置，在仿真的时候选择了三个比较特殊的位置，即卡死的时候电磁阀处于全开的状态、卡死的时候处于半开的位置和卡死的时候处于关闭的状态。

流量计和液位传感器返回的是实际的流量值和液位值，它们发生的故障无非就是测量值与实际应测得值不同，出于实验的可模拟性，这里假设流量计和液位传感器发生故障时，它们的测量值都为零。

### 7.4.3　液位系统的故障模拟

就本液位控制系统而言，通过工控机采集测量和经过控制器计算可以得到三类特征数据，即控制器的输出控制信号、流量计的测量值和液位传感器的测量值。经过上一节对系统所做的分析，可以得到当水泵、流量计、电磁阀、和液位传感器分别发生故障时，控制器的输出控制信号以及流量计和液位传感器的测量值都会发生相应的并且有差别的变化，因此，可以将这三个量作为基于支持向量机的分类器的输入特征向量。

至于当水泵、流量计、电磁阀和液位传感器发生故障的情况下，控制器的输出以及流量计和液位传感器的测量值会发生什么变化，下面将在 MATLAB 中对这四种故障分别进行仿真并观察特征向量的变化。

水泵故障即水泵停止工作，在实际系统中，当水泵停止工作造成的直接影响是系统的输入即流量输入为零，仿真的时候就设输入为零，水泵故障的仿真结果如图 7-10 所示。如图 7-10 所示，在时间 600s 到 800s 之间，把控制器的输出电压设为零来模拟水泵发生故障。因为在实际系统中，当控制器的输出为零，即加到电磁阀上的电压为零，电磁阀会关闭，这样系统的输入流量就会为零，其效果和水泵停止工作的情况下是一模一样的。由图 7-10 可以看出，当水泵发生停止工作故障时，其流量计测量值和系统实际的输入流量为零，系统的液位会有所下降，当故障消除时，液位又回到设定值。

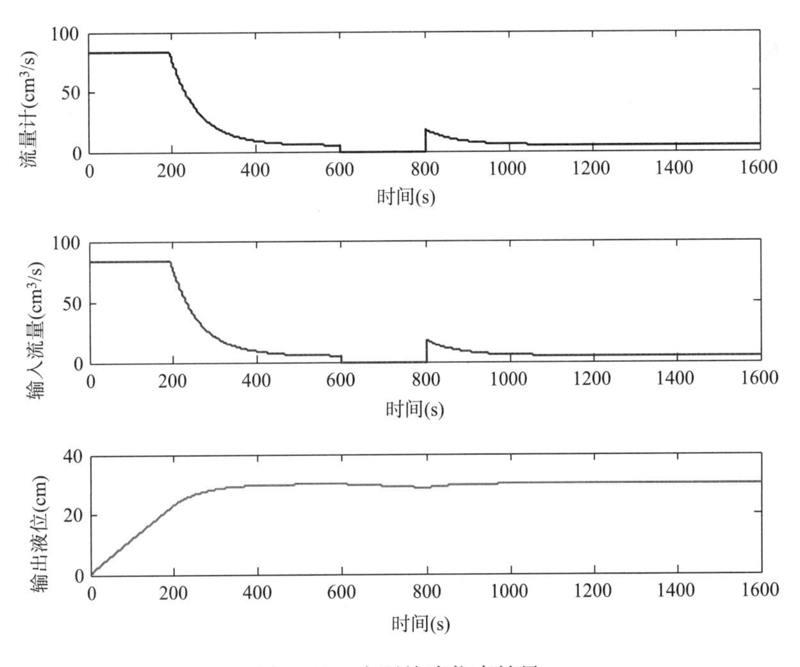


图 7-10　水泵故障仿真结果

流量计故障被看成是流量计的测量值为零，在仿真的时候，当流量计故障发生时，流量计的值被设置为零，其仿真结果如图 7-11 所示。在图 7-11 中，可以看到，当流量计在 600s 到 800s 的时间内发生故障，其测量值为零时，系统的输入流量和输出液位并没有发生任何的变化，也就是说流量计故障不影响实际系统的运行状态。

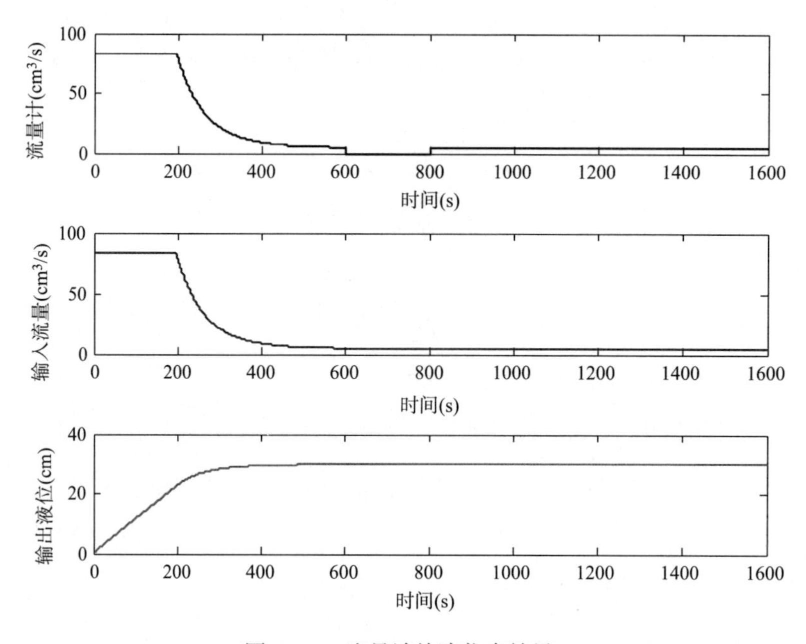


图 7-11　流量计故障仿真结果

液位传感器故障的仿真结果如图 7-12 所示，由图 7-12 可以看到液位传感器故障的仿真时间很短，这是因为时间过长的话，输出液位高度会过高，这样就会需要较长的时间使液位恢复到设定液位，不方便于仿真。在时间 600~630s，设置输出液位高度为零，由于控制器的作用系统的输入会增大，实际液位高度也会增加。当故障消除后，实际液位高度大于设定液位高度值，在控制器的作用下会慢慢回到设定值。

对于电磁阀卡死故障这里取定电磁阀卡死在三个特殊的位置进行仿真，分别为完全打开状态、打开一半状态和完全关闭状态，三种卡死状态的故障仿真结果分别如图 7-13~图 7-15 所示。

### 7.4.4 基于支持向量机的分类器建模

对于支持向量机的模型训练，如前面所描述的那样，为了获取支持向量机的模型：

$$y = f(x,\ w) = \sum_{i=1}^{l} w_i \cdot \Phi_i(x) + b,\ w \in R^l,\ b \in R \tag{7-22}$$

最优化问题可以表示为：

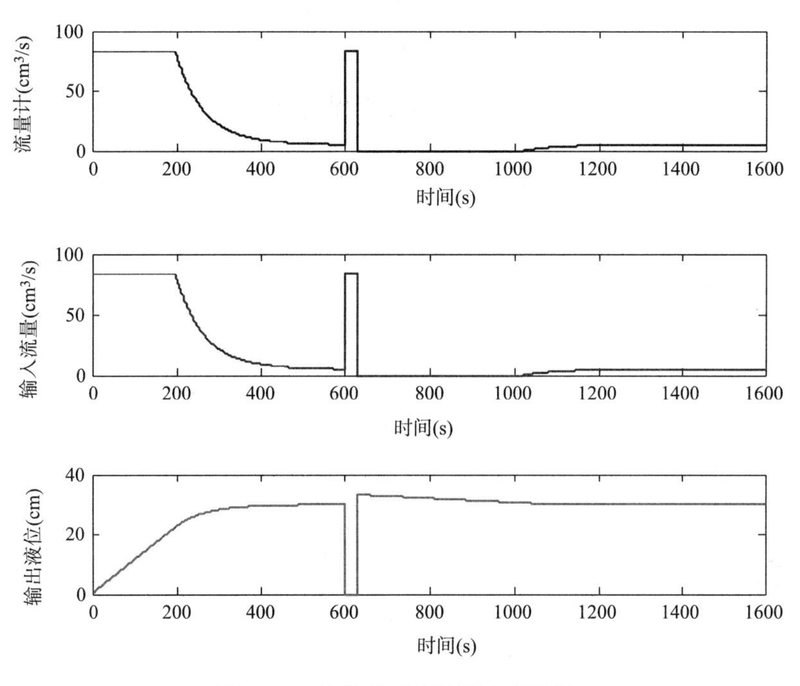


图7-12　液位传感器故障仿真结果

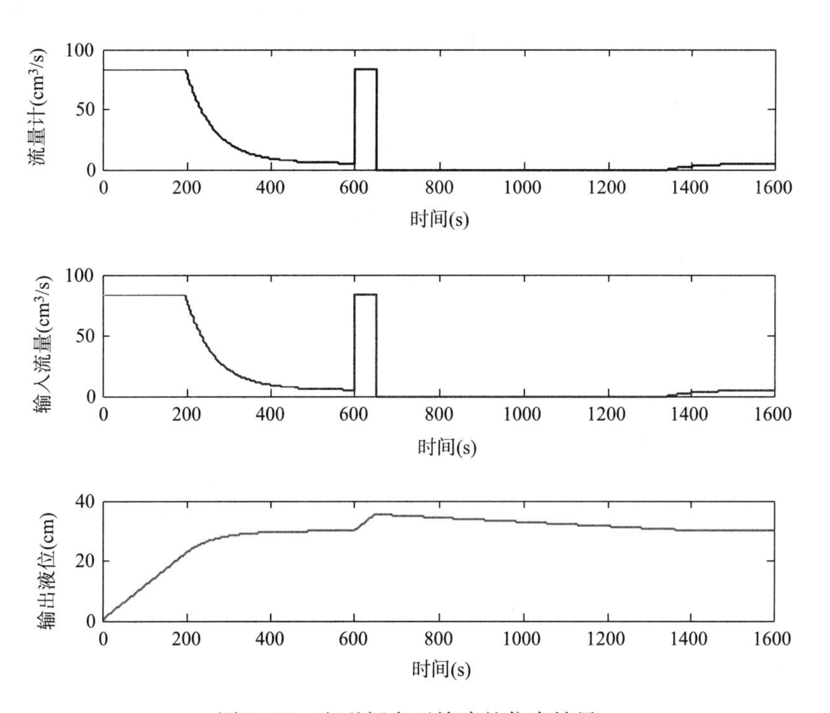


图7-13　电磁阀全开故障的仿真结果

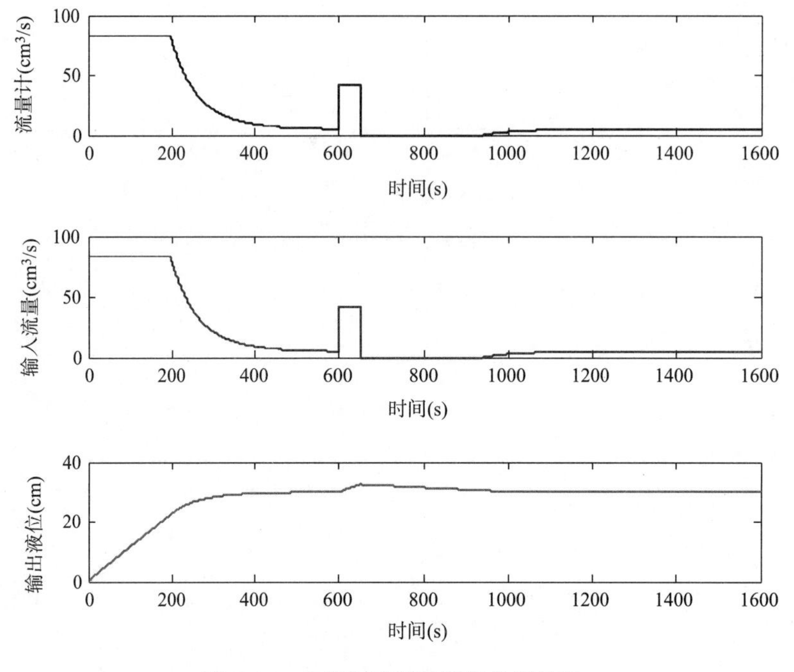


图 7-14 电磁阀半开故障的仿真结果

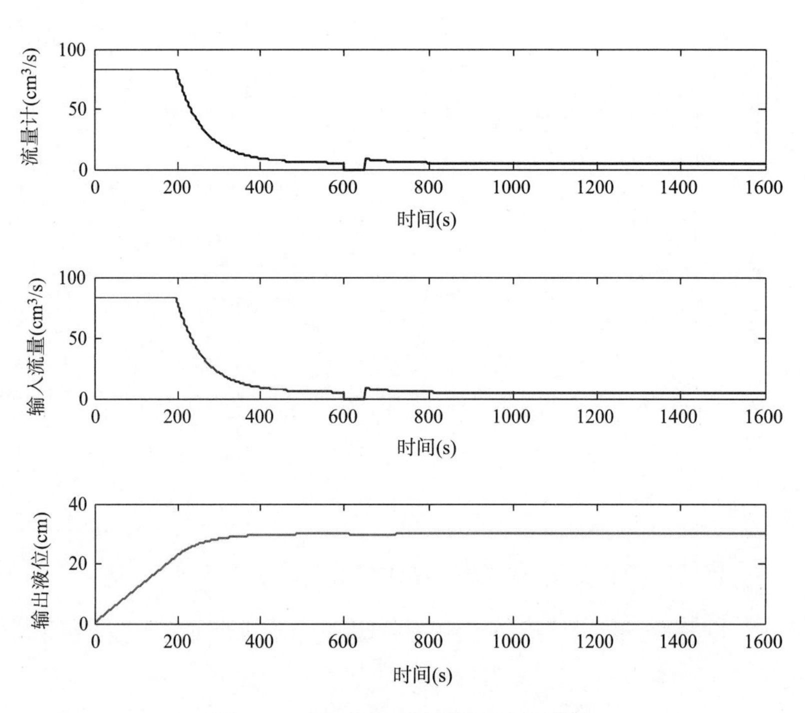


图 7-15 电磁阀全开故障的仿真结果

$$\min \frac{1}{2}\|w\|^2 + C\sum_{i=1}^{l}\xi_i$$
$$s.t.\ y_i[(w \cdot x_i) + b] \geqslant 1 - \xi_i \tag{7-23}$$
$$\xi_i \geqslant 0,\ i = 1,\ 2,\ \cdots,\ l$$

通过引入拉格朗日乘子 $\alpha_i$，可以构造出最优化问题的拉格朗日函数，二次规划问题可以表示为：

$$L = \frac{1}{2}\|w\|^2 + C\sum_{i=1}^{l}\xi_i - \sum_{i=1}^{l}\alpha_i[y_i(w \cdot x_i + b) - 1 + \xi_i] - \sum_{i=1}^{l}\beta_i\xi_i \tag{7-24}$$

最终通求解得到支持向量机模型为：

$$f(x) = \sum_{i=1}^{n_{sv}}(\alpha_i - \alpha_i^*)K(x,\ x_i) + b \tag{7-25}$$

式中：$n_{sv}$ 是支持向量的序号；$K(x,\ x_i)$ 是核函数，这里有许多核函数在支持向量机模型的训练过程中，例如多项式核函数、高斯核函数、线性核函数和神经网络核函数等。其中高斯核函数是应用最为广泛的核函数，在工程、物理和许多其他领域都有应用，高斯核函数如下所示：

$$K(x,\ x_i) = \exp\left(-\frac{\|x - x_i\|^2}{2\sigma^2}\right) \tag{7-26}$$

式中：$\sigma^2$ 是方差。

在上面的训练过程中，模型的质量受到支持向量机几个参数设置和需要分类的数据样本的影响。惩罚参数 $C$ 决定分类超平面的复杂性，实际设置由训练数据直接决定。方差 $\sigma^2$ 反映训练数据的输入范围，就是噪音方差的估量值，实际中，噪音方差可以表示为：

$$\sigma^2 = E(x_i)^2 = \frac{1}{2}\sum_{i=1}^{n}(x_i)^2 \tag{7-27}$$

式中：$n$ 为训练样本数量。

经过上面的分析，可以将系统的输入流量、输出液位高度和流量计的测量值作为 SVM 的输入特征向量来将所上面所分析的四种故障进行分类[18]。

基于支持向量机设计的分类器使用的是台湾大学林智仁先生开发的 libsvm 工具箱，在这里主要会应用到两个函数 svmtrain（）和 svmpredict（）。其中 svmtrain（）是 SVM 的训练函数，该函数通过对训练样本数据进行训练得到一个分类器模型。svmpredict（）是 SVM 的预测函数，该函数利用通过 svmtrain（）函数训练得到的模型对预测样本数据进行预测，从而得到分类结果。

svmtrain（）函数格式为：模型 = svmtrain（训练标签，训练数据，参数），训练标签是对不同类型样本数据的一个表示，这里考虑了四种故障，即：水泵故障、流量计故障、液位传感器故障和电磁阀故障，将这四种故障状态再加上正常状态这 5 种类别状态的标签分别标为：1、2、3、4 和 5。训练数据为代表各种类别的特征向量，其格式为：<label><index1>：<value1><index2>：<value2>等。参数主要有四个需要设置：

-s 设置 SVM 类型（默认为 0）；

0：C—SVC

1：v—SVC

2：一类 SVM

3：e—SVR

4：v—SVR

-t 设置核函数类型（默认为 2）；

0：线性核函数

1：多项式核函数

2：高斯核函数

3：神经网络核函数

-c cost 设置 C—SVC、e—SVR 和 v—SVR 的参数（默认为 1）；

-g gamma 核函数中 gamma 函数设置（默认为 1/k）。

另外还有许多其他的参数，一般不需要人为设置，使用默认即可。本研究在使用的过程中，设置-s 为 0、-t 为 2、-c 为 1.2、-g 为 2.8。对于-c 和-g 的设置，有种方法叫交叉验证法或其他的智能算法。

将上一节仿真的各种故障数据保存下来并给各类标上相应的标签，然后利用 SVM 对其进行分类，分类结果如图 7-16 所示。

其中分类结果正确率为 94.5%。

### 7.4.5 故障分类结果分析

接下来在实际液位控制系统上对上面所考虑四种故障进行模拟，从而得到当实际系统真实发生不同故障时的故障数据，即特征向量数据，然后采用基于支持向量机的故障分类器对四种故障数据进行分类，从而实现对液位控制系统的故障进行分类。

图 7-17 为模拟系统水泵发生故障的实验结果，为了模拟水泵发生了故障，在实际系统的控制过程中将水泵关闭。如图 7-17 所示，在时间大概为 280s 的位置将水泵关闭，由于水泵的关闭导致流量计测量的流量值为零，系统的输入为零，因此系统液位也会下降，由于液位的下降，控制器的输出控制电压达到 10V，但是由于水泵故障，液位下降的情况依然无法改变。

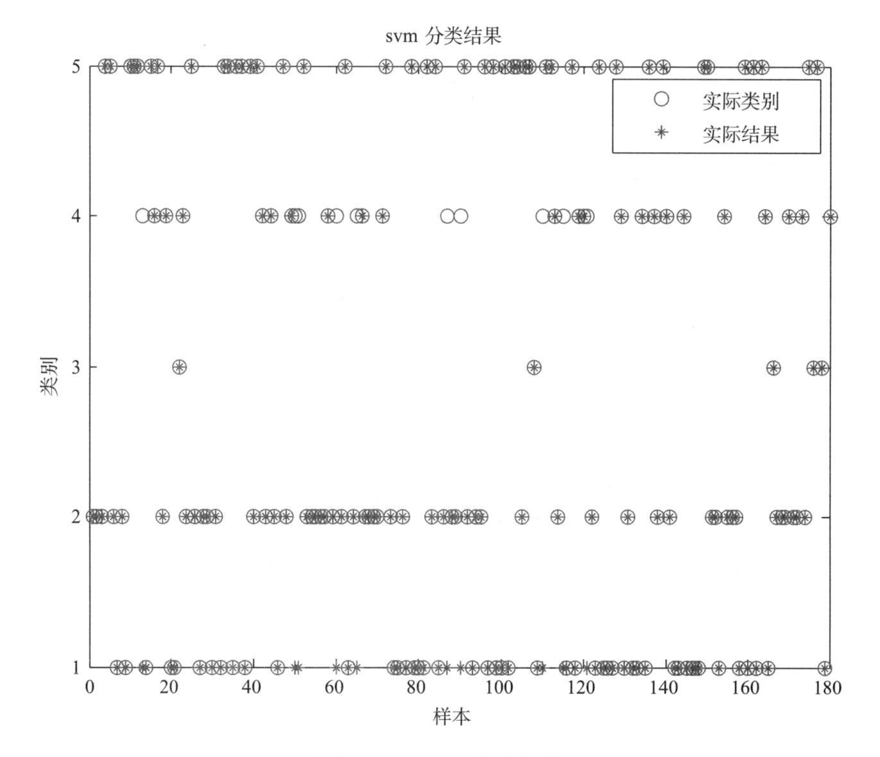


图 7-16　SVM 分类结果

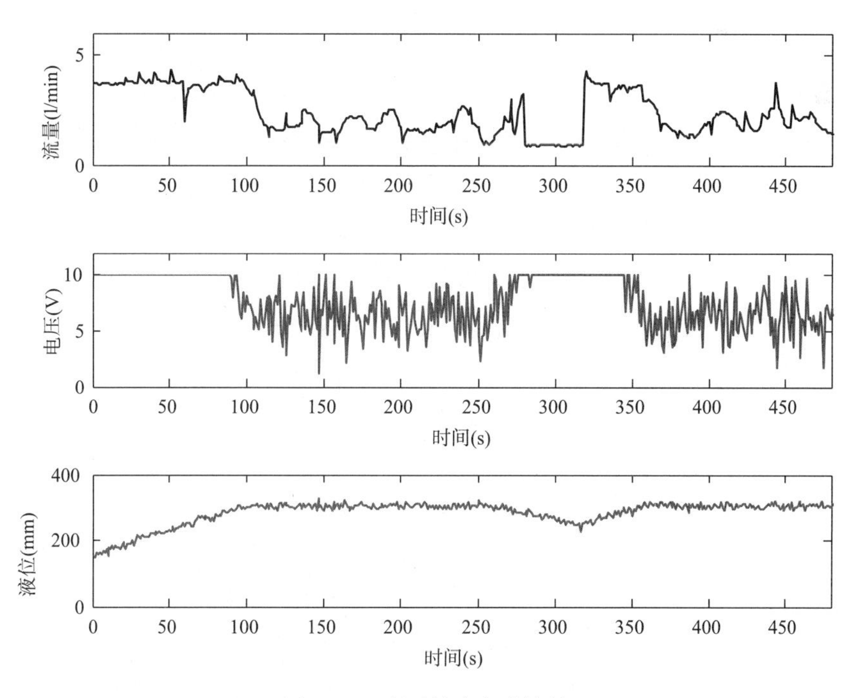


图 7-17　水泵故障实验结果

流量计故障的实验结果如图 7-18 所示，流量计的故障设定为其测量值为零，为了模拟是流量计出现了故障，将流量计与工控机的链接作断开处理来表示流量计的测量值为零。如图 7-18 所示，在时间 300s 的时候将其断开，流量为零，但是电压和液位依然处于正常的运行状态，这也说明在本液位控制系统中流量计发生故障不会影响系统的正常运行。

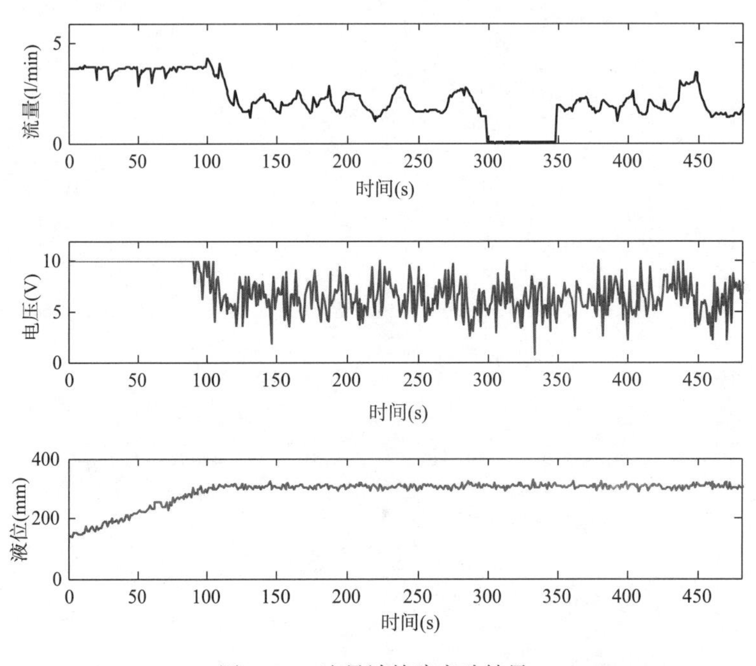


图 7-18 流量计故障实验结果

图 7-19 和图 7-20 分别是系统中液位传感器发生故障和电磁阀发生故障的实验结果，同模拟流量计发生故障相似，为了模拟系统液位传感器发生了故障，将液位传感器与工控机的连接作断开处理来模拟液位传感器的测量值为零，即液位传感器发生故障。当液位传感器返回到控制器的测量值为零时，为了使液位达到所设定的 300mm，控制器的输出控制信号输出为最大值 10V，于是，系统的输入流量也为最大值，导致系统的实际液位持续的增加直到液位传感器故障消除。电磁阀故障为电磁阀卡死，即电磁阀不受控制器的输出控制电压控制，如图 7-20 中所示，在时间 160s 以后，由于电磁阀卡死，虽然控制器的输出控制信号为零，但是实际上系统的输入流量不为零，从而系统的液位增加，电磁阀故障消除后系统液位慢慢回到设定值。

将上面在实际液位控制系统上模拟的各种故障数据保存下来，利用训练故障样本数据训练出 SVM 分类器模型，然后利用训练好的分类器对各种故障的测试样本数据进行分类并观察每种故障的分类情况，图 7-21 是水泵发生故障的分类结果，图 7-22 是流量计发生故障分类结果，图 7-23 是液位传感器发生故障分类结果，图 7-24 是电磁阀发生故障分类结果。

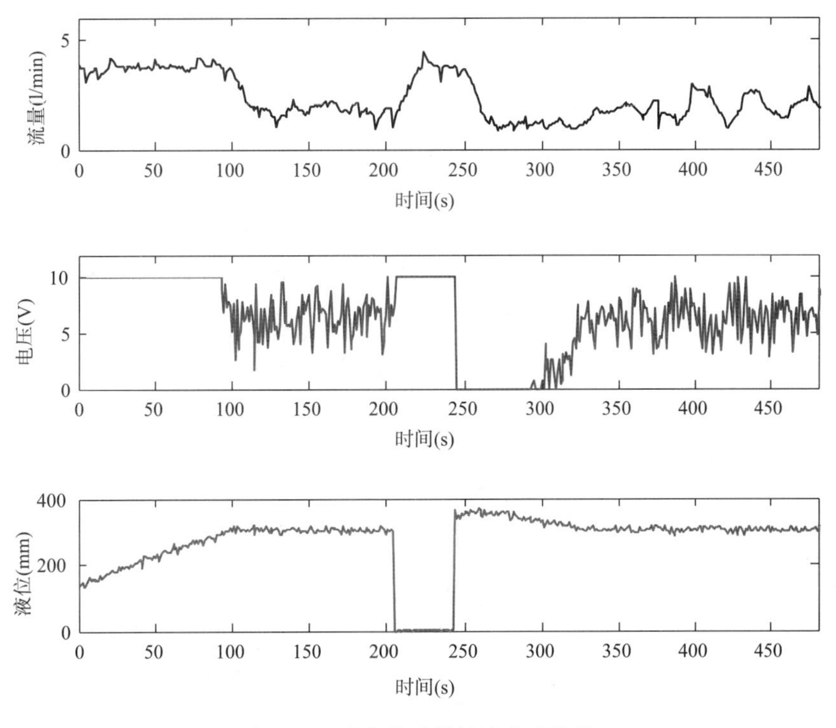


图 7-19　液位传感器故障实验结果

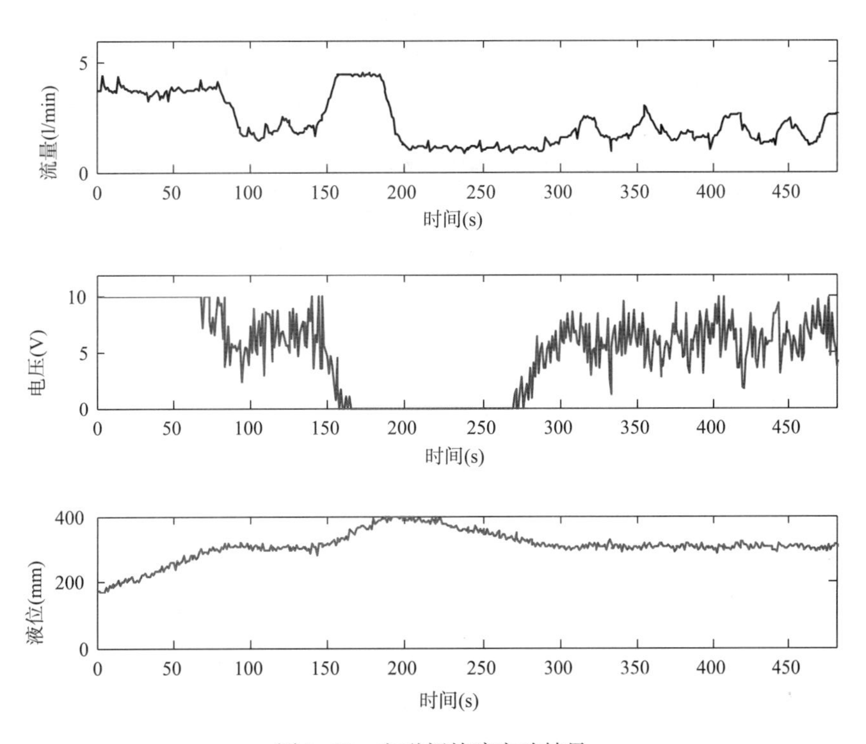


图 7-20　电磁阀故障实验结果

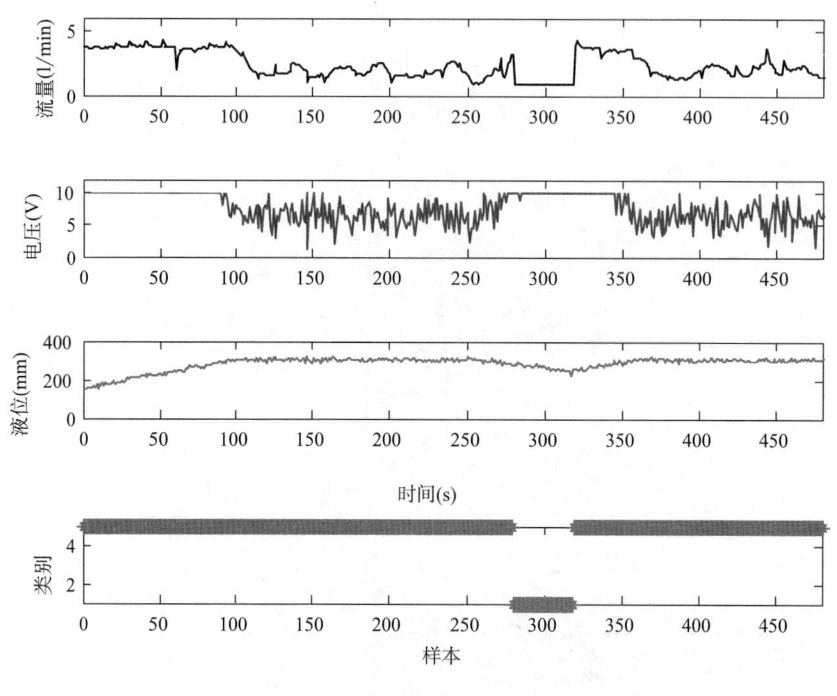


图 7-21　水泵故障分类结果图

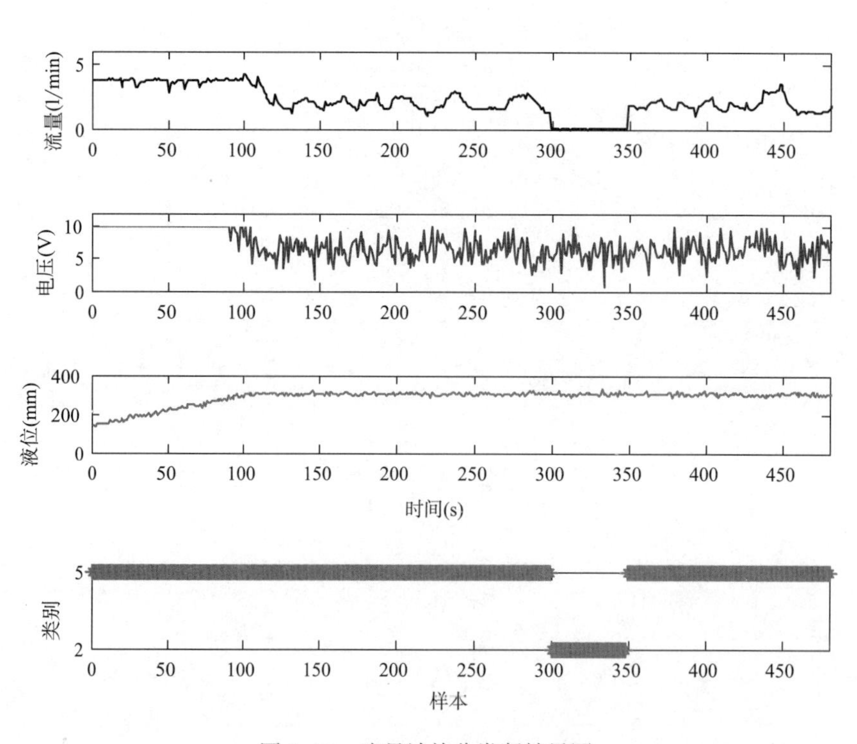


图 7-22　流量计故分类断结果图

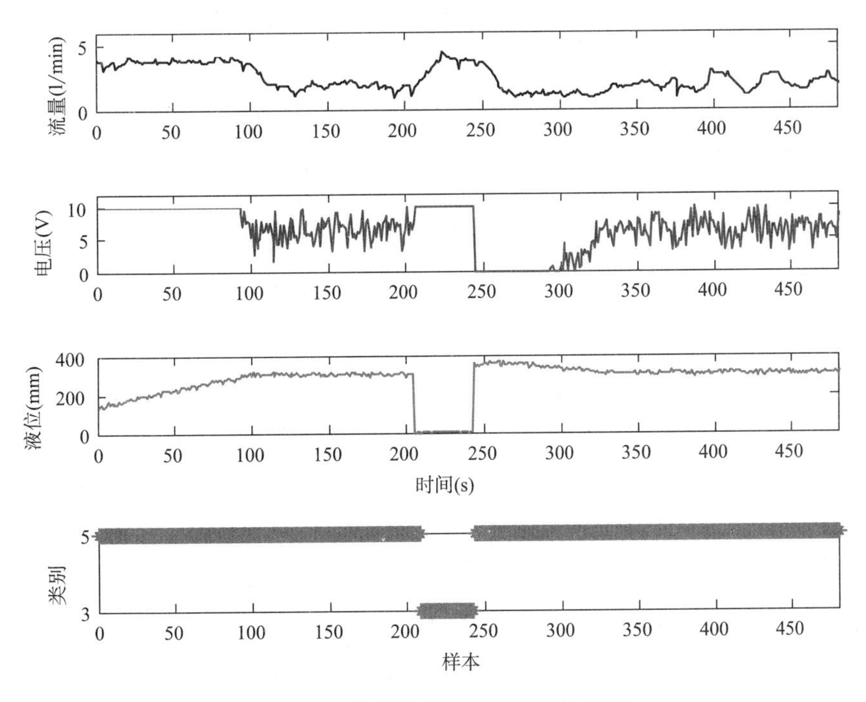


图 7-23　液位传感器故障分类结果图

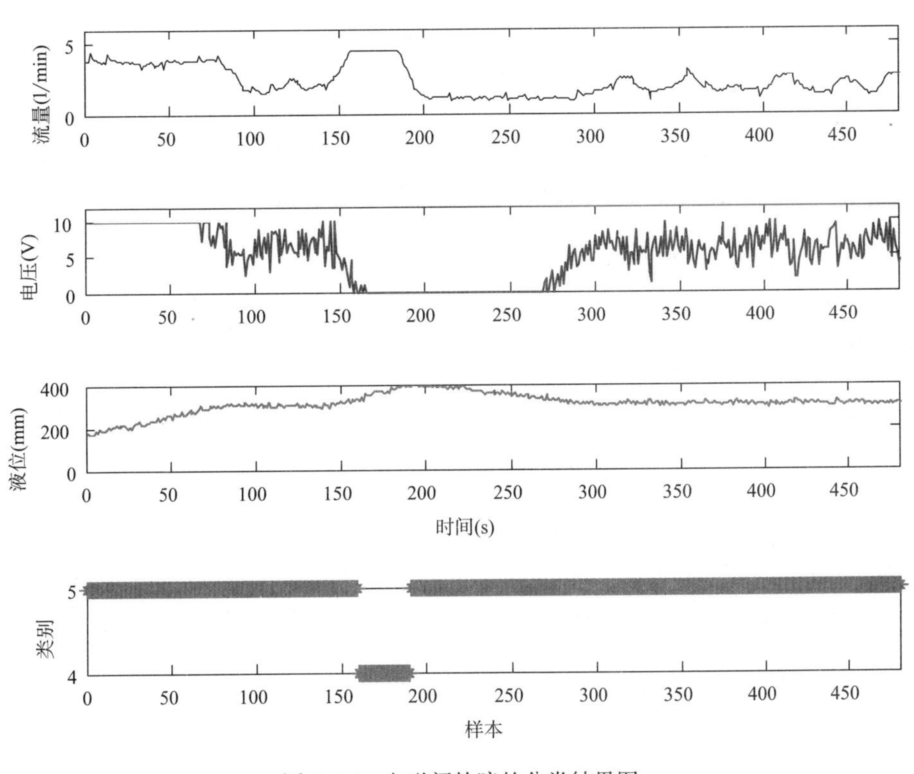


图 7-24　电磁阀故障的分类结果图

由上面对液位控制系统所分析的四种故障的分类结果可以看到，采用基于支持向量机设计的故障分类器可以将系统的各种故障正确的分开，实验结果说明所设计的分类器满足对液位控制系统的四种故障进行分类的需求。

## 7.5 液位系统故障的优化控制

在上节中，我们提到了系统故障的问题，当存在执行器故障的情况下 $u_d = u_{max}$，事实上这样对于实际控制是很不利的，在该种情况下，在饱和状态消失之前，所设计的右互质分解控制器将不能发挥作用，闭环控制系统敏感性大大降低，严重情况下可以使系统性能严重恶化，不论是理论研究还是实际应用都会带来相当大的影响。针对这种情况，在状态饱和部分，我们运用滑模变结构控制的原理对饱和部分进行处理，将滑模变结构控制与演算子理论的鲁棒右互质分解方法结合起来对液位控制系统进行理论研究，并将研究结果应用于实时控制中，系统性能得到了明显的改善。

### 7.5.1 故障系统的滑模变结构控制

滑模变结构控制器的设计目标一是理想的滑动模态，二是良好的动态品质，三是较高的鲁棒性。因此，滑模变结构的设计主要分为两方面，一方面是滑模面的选择，使系统能够具有较好的趋近率，能够稳定在滑模面上下运动，使系统保持渐进稳定；另一方面是控制率的选取，使系统能够在一定时间内运动到滑模面，且具有较好的运动性能。

滑模变结构设计中滑模面的选取由发展初期的线性滑模面到非线性滑模面和时变滑模面，滑模面的设计发展使滑模控制具有了更好的控制性能，如非线性滑模面中引入非线性函数，使得系统的收敛时间取得了很大的提高。对于一个存在滑动模态的控制系统，当切换函数的趋近率趋近于零时，该函数的积分也将趋近于零，因此，在滑模面的选取中出现了积分形式的滑模面，如在线性滑模面中增加积分环节后，可以削弱系统的抖振、具有减小稳态误差的功能。积分滑模面的选取可以让我们很好的对非线性系统进行控制，保证了系统的稳定性能，不过该控制也存在着一定的缺陷，当初始状态比较大时，积分环节的引入可能会引起系统造成很大的超调或者给系统执行机构带来饱和状态。

滑模变结构控制中控制率的选取要能够保证系统的可达性，即系统从空间的任一状态都能在有限时间到达滑模面，并具有渐进稳定的性能，通常选取的控制结构形式有以下所述三种形式：

（1）常值切换函数：

$$u = u_0 \mathrm{sgn}[s(x)] \tag{7-28}$$

式中：$u_0$ 为带求常数。

（2）函数切换控制：

$$u(x) = \begin{cases} u^+(x) & s(x) > 0 \\ u^-(x) & s(x) < 0 \end{cases} \tag{7-29}$$

这种控制结构形式是建立在等效控制基础上的。

（3）比例切换控制：

$$u = \sum_{k=1}^{k} \Phi_i x_i,\ k < n \tag{7-30}$$

式中：$\Phi_i = \begin{cases} \alpha_i, & x_i s<0 \\ \beta_i, & x_i s<0 \end{cases} \Phi_i = \begin{cases} \alpha_i, & \mathrm{x}_i s<0 \\ \beta_i, & \mathrm{x}_i s>0 \end{cases}$；$\alpha_i$，$\beta_i$ 为常数。

对于这些切换控制中，通常第二种方法用得比较多，重要的是根据系统的特定性能选取相对应的方法。本课题主要采取切换控制的方法去实现控制目的。

滑模变结构控制的运动品质分别有运动段和滑模段决定，正常运动段的趋近过程要求运动良好，满足稳定性，这里采用具有趋近率的方法完善该运动品质。四种常见的趋近率如下：

（1）等速趋近率：

$$\dot{\mathrm{s}} = -\xi \mathrm{sgn}(s) \tag{7-31}$$

（2）指数趋近率：

$$\dot{\mathrm{s}} = -\xi \mathrm{sgn}(s) - ks \quad \xi > 0,\ k > 0 \tag{7-32}$$

（3）幂次趋近率：

$$\dot{\mathrm{s}} = -\xi |s| \alpha \mathrm{sgn}(s) \quad 0 < \alpha < 1 \tag{7-33}$$

（4）一般趋近率：

$$\dot{\mathrm{s}} = -\xi \mathrm{sgn}(s) - f(s) \quad \xi > 0 \tag{7-34}$$

选取原则为根据系统的特定性能保证该系统状态点离开选择的切换面时能够使其以较快的速度趋近切换面，但同时要注意趋近速度过大可能会引起系统抖振加剧，所以要合理选择，使系统满足综合性能指标。

对于公式（6-5）所建立的水箱液位模型，我们对其进行滑模变结构控制的方法对其进行控制器的设计。针对该系统，首先需要将其转换为状态方程形式，我们取状态变量为：

$$\begin{cases} x_1 = \int_0^t e dt \\ x_2 = e = r_0 - y(t) \end{cases} \tag{7-35}$$

式中：$e$ 为设定液位与实际液位之间的偏差值；$r_0$ 为设定值；$y(t)$ 为实时采集液位值。得到状态方程为：

$$\begin{cases} \dot{x}_1 = e \\ \dot{x}_2 = -\frac{1}{A}u + \frac{a}{A}\sqrt{2g(r_0 - x_2)} \end{cases} \tag{7-36}$$

对于该状态方程，我们选取滑模面切换函数 $s(x)$ 为：

$$s(x) = cx_1 + x_2 \tag{7-37}$$

即：

$$s(x) = cx_1 + \dot{x}_1 \tag{7-38}$$

从上述公式我们可以看出，当状态点运动到滑模面后，上式收敛，且仅与参数 c 有关，与对象参数无关，验证了其鲁棒性[22]。

为了得到控制率 $u$，使系统以较短的时间到达滑模面，我们采用指数趋近率如下：

$$\dot{s} = -\varepsilon \mathrm{sgn} s - ks \tag{7-39}$$

对该控制率进行稳定性分析得到如下公式：

$$s\dot{s} = s(-\varepsilon \mathrm{sgn} s - ks) = -\varepsilon s \frac{|s|}{s} - ks^2 \leqslant 0 \tag{7-40}$$

由于 $\varepsilon>0$，$k>0$，所以我们得到满足滑模变结构控制的可达性条件，成功证明该系统能够稳定在该滑模面上，当在滑模面上运动时 $s=\dot{s}=0$。

由上述滑模面切换函数和指数趋近率，根据公式（7-32）我们可以得到：

$$\begin{aligned} \dot{s} &= c\dot{x}_1 + \ddot{x}_1 = cx_2 + \dot{x}_2 \\ &= cx_2 - \frac{1}{A}u + \frac{a}{A}\sqrt{2g(r_0 - x_2)} \\ &= -\varepsilon \mathrm{sgn} s - ks \end{aligned} \tag{7-41}$$

由此解得控制率为：

$$u = \begin{cases} Acx_2 + a\sqrt{2g(r_0 - x_2)} + A\varepsilon + Aks & s > 0 \\ Acx_2 + a\sqrt{2g(r_0 - x_2)} - A\varepsilon + Aks & s < 0 \\ Acx_2 + a\sqrt{2g(r_0 - x_2)} & s = 0 \end{cases} \tag{7-42}$$

对于该具有饱和状态的鲁棒非线性控制系统，在设计控制器处理饱和状态时，我们将鲁棒右互质分解的方法与滑模变结构的方法结合起来，滑模变结构将饱和部分转化一个切换面，克服了饱和现象。而鲁棒右互质分解方法保证了系统的鲁棒稳定性，能够使系统在较好的状态下运行，由以上条件控制器设计为：

$$C(u_d) = \begin{cases} u_{smc} & u_d \geqslant u_{\max} \\ u_{ref} & u_{\min} < u_d < u_{\max} \\ u_{\min} & u_d \leqslant u_{\min} \end{cases} \tag{7-43}$$

式中：

$$u_{ref} = \frac{a\sqrt{2gr_0} - (a - aB) \times \sqrt{2gy} - AB\dot{y}}{B}$$

$$u_{smc} = \begin{cases} Acx_2 + a\sqrt{2g(r_0 - x_2)} + A\varepsilon + Aks & s > 0 \\ Acx_2 + a\sqrt{2g(r_0 - x_2)} - A\varepsilon + Aks & s < 0 \\ Acx_2 + a\sqrt{2g(r_0 - x_2)} & s = 0 \end{cases}$$

### 7.5.2　仿真与实验结果分析

首先对上面提出的方法所设计的控制算法进行系统仿真，仿真如图 7-25 所示，其中 $B=0.01$，$C=0.0004$，$\varepsilon=0.099$，$k=0.2$，$r_0=30cm$。仿真结果显示，设计的控制器很好的处理了状态饱和部分，该控制器对于输入受限的处理起到了较好的效果，该控制器可以用于实际控制实验中。

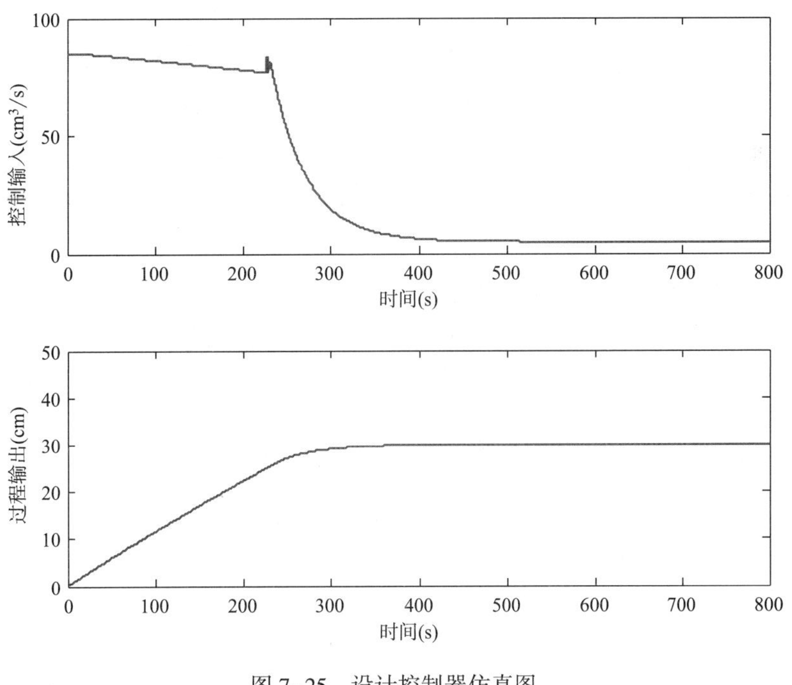


图 7-25　设计控制器仿真图

将设计的控制器在实验平台上运行，液位和执行机构的输入采集图如图 7-26 所示，该控制器具有鲁棒稳定性，系统超调低于 5%，稳定时间大约为 400s，图 7-27 为 PID 控制系统图，

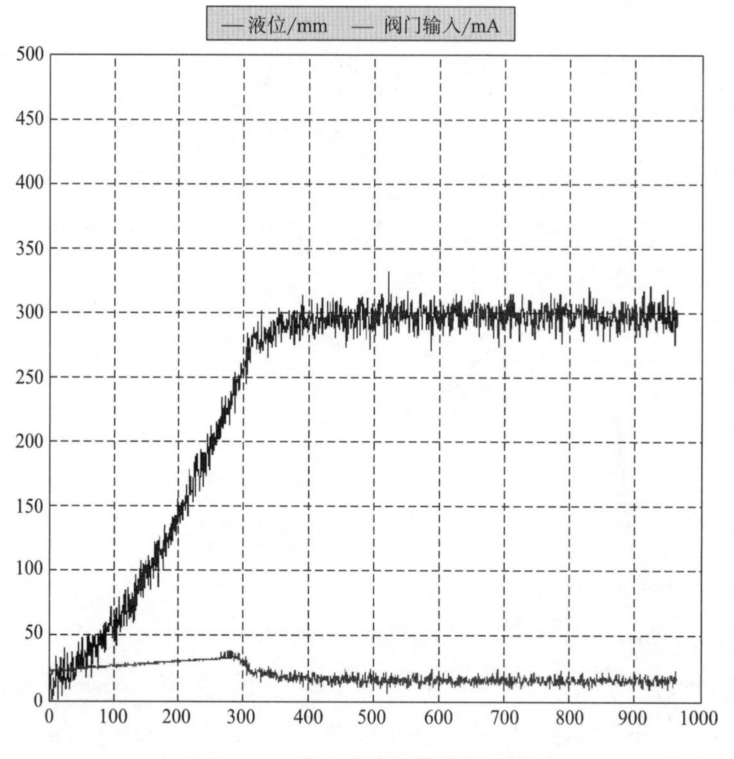


图 7-26 提出的控制算法实验图

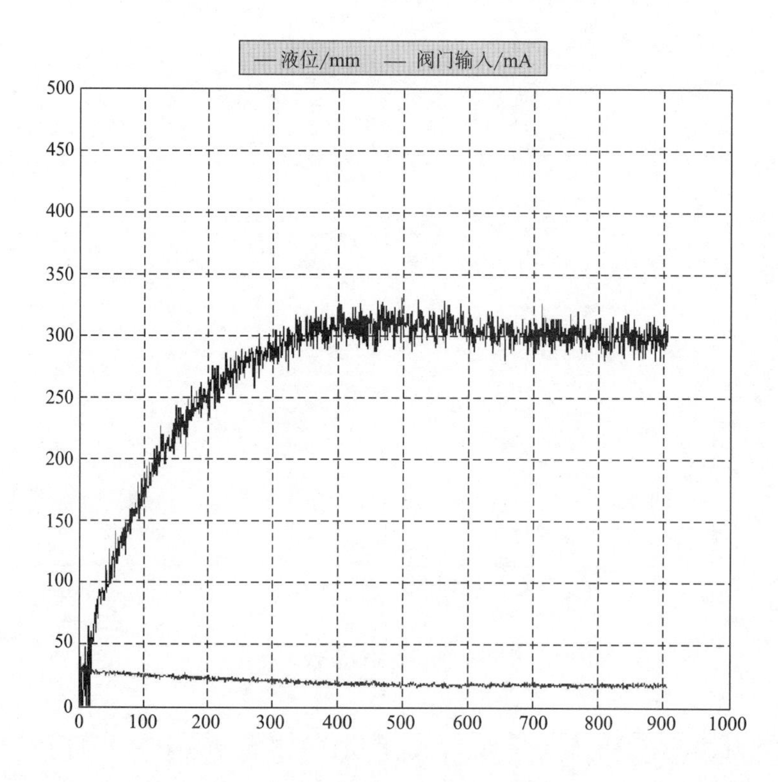


图 7-27 PID 控制过程图

超调量为6%，在600s时达到稳定，稳定时间较长，两者相比，设计算法响应时间较快，超调量较小，具有较好的动态特性，设计控制器调节阀输入部分放大图如图7-28所示，在系统刚开始运行的阶段，控制器并没有达到饱和，大大提高了控制器的灵敏度，控制效果良好，实验结果验证了设计的有效性。

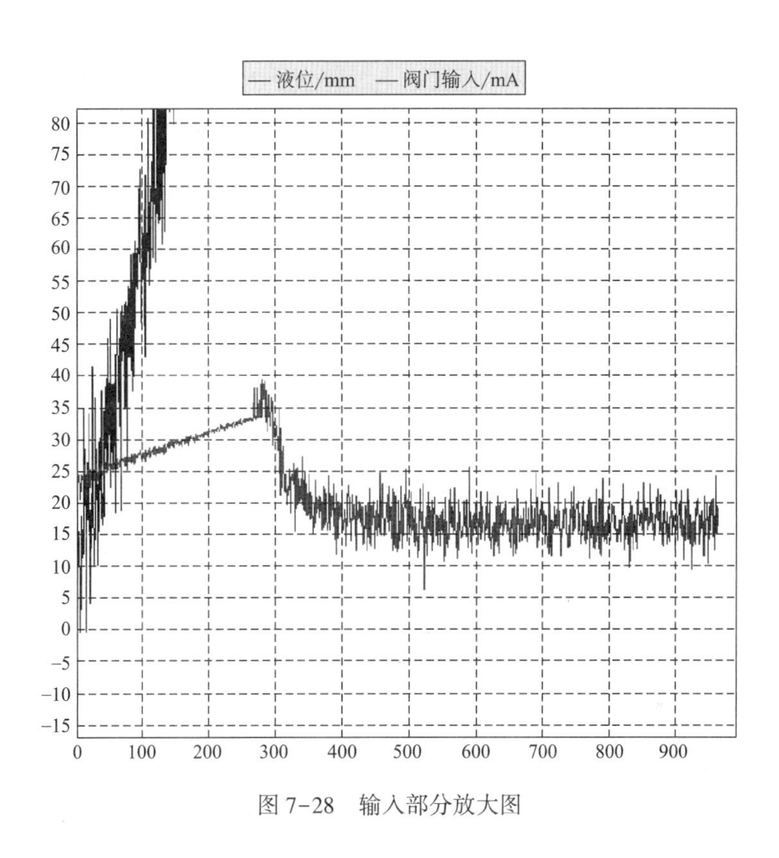


图7-28　输入部分放大图

## 7.6　本章小结

本章主要讨论了基于算子理论的故障诊断与优化控制方法。分别对基于算子理论的故障诊断观测器设计、执行器故障检测、半导体制冷系统故障的优化控制、基于支持向量机的故障分类器设计、液位系统故障的优化控制方法进行了阐述。

### 参考文献

[1] H. Ye, S. X. Ding. Fault detection of networked control systems with network-induced delay [C]. Kunming:

8th International Conference on Control, Automation, Robotics and Vision, 2004.

[2] J. Korbicz, J. M. Koscielny, Z. Kowalczuk, W. Cholewa. Fault Diagnosis, Models, Artificial Intelligence, Applications, Springer [J]. Berlin, 2004.

[3] M. Deng, A. Inoue, K. Edahiro. Fault detection in a thermal process control system with input constraints using robust right coprime factorization approach [J]. IMechE, Part1: Journal of Systems and Control Engineering, 2007, 221 (2): 819-831.

[4] 刘金琨. 智能控制：理论基础、算法设计与应用 [M]. 北京：清华大学出版社，2019.

[5] 蔡自兴. 智能控制原理与应用 [M]. 3 版. 北京：清华大学出版社，2019.

[6] 李国勇，等. 最优控制理论及参数优化 [M]. 北京：国防工业出版社，2006.

[7] G. Chen, Z. Han. Robust right coprime factorization and robust stabilization of nonlinear feedback control systems [J]. IEEE Transaction on Automatic Control, 1998, 43 (10): 1505-1510.

[8] G. Chen, R. J. P. de Figueiredo. On construction of coprime factorization of nonlinear feedback control system, Circuit System Signal Process, 1992, 11: 285-307.

[9] D. Deng, A. Inoue and K. Ishikawa. Operator-based nonlinear feedback control design using robust right coprime factorization [J]. IEEE Transactions on Automatic Control, 2006, 51 (4): 645-648.

[10] M. Deng, A. Inoue, K. Edahiro. Fault detection system design for actuator of a thermal process using operator based approach [J]. ACTA Automatica Sinica, 2010, 36 (5): 421-426.

[11] P. M. Frank. Fault diagnosis in dynamic systems using analytical and knowledge-based redundancy-a survey and some new results [J]. Automatica, 2008, 26: 459-474.

[12] 温盛军，毕淑慧，邓明聪. 一类新非线性控制方法：基于演算子理论的控制方法综述 [J]. 自动化学报，2013，39 (11)：1812-1819.

[13] 朱芳来，罗建华. 基于算子理论的非线性系统互质分解方法及现状 [J]. 桂林电子工业学院学报，2001，21 (2)：18-23.

[14] S. Wen, D. Deng. Operator-based robust nonlinear control and fault detection for a peltier actuated thermal process [J]. Mathematical and Computer Modelling, 2013, 57 (1-2): 16-29.

[15] S. Wen, D. Deng. Operator-based robust nonlinear control and fault detection for a peltier actuated thermal process [J]. Mathematical and Computer Modelling, 2013, 57 (1-2): 16-29.

[16] B. D. O. Anderson, M. R. James, D. J. N Limebeer. Robust stabilization of nonlinear systems via normalized coprime factor representations [J]. Automatica, 1998, 34 (12): 1593-1599.

[17] A. Wang, M. Deng. Operator-based robust nonlinear tracking control for a human multi-joint arm-like manipulator with unknown time-varying delays. Applied Mathematics & Information Sciences. 2012, 6 (3): 459-468.

[18] A. Wang, Z. Ma, J. Luo, Operator-based robust nonlinear control analysis and design for a bio-inspired robot arm with measurement uncertainties [J]. Journal of Robotics and Mechatronics, 2019, 31 (1), 104-109.

[19] A. Wang, H. Yu, S. Cang. Bio-inspired robust control of a robot arm-and-hand system based on human vis-

coelastic properties [J]. Journal of the Franklin Institute, 2017, 345 (4), 1759-1783.

[20] A. Wang, D. Wang, H. Wang, S. Wen, M. Deng. Nonlinear perfect tracking control for a robot arm with uncertainties using operator-based robust right coprime factorization approach [J]. Journal of Robotics and Mechatronics, 2015, 27 (1), 49-56.

[21] A. Wang, M. Deng. Operator-based robust control design for a human arm-like manipulator with time-varying delay measurements [J]. International Journal of Control, Automation, and Systems, 2013, 11 (6), 1112-1121.

[22] A. Wang, G. Wei, H. Wang. Operator based robust nonlinear control design to an ionic polymer metal composite with uncertainties and input constraints [J]. Applied Mathematics & Information Sciences, 2014, 8 (5), 1-7.

[23] M. Deng, A. Wang. Robust nonlinear control design to an ionic polymer metal composite with hysteresis using operator based approach [J]. IET Control Theory & Applications, 2012, 6 (17), 2667-2675.

[24] A. Wang, M. Deng. Operator-based robust nonlinear control for a manipulator with human multi-joint arm-like viscoelastic properties [J]. SICE: Journal of Control, Measurement, and System Integration, 2012, 5 (5), 296-303.

[25] A. Wang, M. Deng. Robust nonlinear multivariable tracking control design to a manipulator with unknown uncertainties using operator-based robust right coprime factorization [J]. Transactions of the Institute of Measurement and Control, 2013, 35 (6), 788-797.

[26] M. Deng, S. Bi, A. Inoue. Robust nonlinear control and tracking design for multi-input multi-output nonlinear perturbed plants [J]. IET Control Theory & Applications, 2009, 3 (9): 1237-1248.

[27] Z. Michalewicz, M. Schoenauer. Evolutionary algorithms for constrained parameter optimization problems [J]. Evolutionary Computation, 1996, 4: 1-32.

[28] A. Isidori. Nonlinrar control systems [M]. 3rd ed. Berlin, Springer, 1995.

[29] 褚健，王骥程. 非线性系统的鲁棒性分析 [J]. 信息与控制，1990，4 (12)：29-32.

[30] 冯纯伯，张侃健. 非线性系统的鲁棒控制 [M]. 北京：科学出版社，2004：214.

[31] 梅生伟，申铁龙，刘康志. 现代鲁棒控制理论与应用 [M]. 北京：清华大学出版社，2008.

[32] 刘金琨，孙富春. 滑模变结构控制理论及其算法研究与进展 [J]. 控制理论与应用，2007，24 (3)：407-418.

[33] 穆效江，陈阳舟. 滑模变结构控制理论研究综述 [J]. 控制工程，2007，14 (1)：1-5.

[34] 席裕庚. 预测控制 [M]. 北京：国防工业出版社，1996.

[35] C. P. Tan, X. H. Yu, Z. H. Man. Terminal sliding mode observers for a class of nonlinear system. Automatica, 2010, 46 (8): 1401-1404.

[36] Vapnik V N. Statistical Learning Theory [M]. New York: John Wiley, 1998.

[37] Vapnik V N. The Nature of Statistical Learning Theory [M]. NewYork: SpringerO Verlag, 1995.

[38] 李超峰，卢建刚，孙优贤. 基于 SVM 逆系统的非线性系统广义预测控制 [J]. 计算机工程与应用，

2011, 42 (2): 223-226.

[39] 杨紫薇，王儒敬，檀敬东，等. 基于几何判据的SVM参数快速选择方法. 计算机工程，2010，36 (17): 206-209.

[40] 邓乃扬，田英杰. 支持向量机：理论、算法与拓展 [M]. 北京：科学出版社，2012.

[41] D. Wang, X. Qi, S. Wen, Y. Dan, L. Ouyang , M. Deng, Robust nonlinear control and SVM classifier based fault diagnosis for a water level process [J]. ICIC Express Letters, 2015, 9 (3): 767-774.

[42] 高为炳. 变结构理论基础 [M]. 北京：中国科技出版社，1990.

[43] D. Wang, F. Li, S. Wen, X. Qi, M. Deng. Operator-based robust nonlinear control for a twin-tank process with constraint inputs [C]. Proceedingsof 2013 International Conference on Advanced Mechatronic Systems, 2013, 147-151.

[44] D. Wang, F. Li, S. Wen, X. Qi, P. Liu and M. Deng, Operator-based sliding-mode nonlinear control design for a process with input constraint [J]. Journal of Robotics and Mechatronics, 2015, 27 (1): 83-90.